服装高等教育“十二五”部委级规划教材

服装设计：民族服饰元素与运用

FUZHUANG SHEJI
MINZU FUSHI YUANSU YU YUNYONG

马 蓉 张国云 编著

中国纺织出版社

内容提要

本书为服装高等教育“十二五”部委级规划教材。该教材以我国民族传统服饰元素的时尚转换与运用为主要内容，从民族服饰语言的收集整理入手，讲解民族服饰的款式、色彩、材料、图案、工艺特色，从而启发设计思路，将传统的美转换为时代的美。

本书以实际案例为依据，结构严谨、图文并茂，案例图片丰富且极具典型性，内容具有较强的实用性，既可作为高等院校服装专业的教学用书，也可作为服装企业人员的参考用书。

图书在版编目（CIP）数据

服装设计：民族服饰元素与运用 / 马蓉，张国云编著．—北京：中国纺织出版社，2015.4（2021.12重印）

服装高等教育“十二五”部委级规划教材

ISBN 978-7-5180-1198-8

Ⅰ．①服…　Ⅱ．①马…　②张…　Ⅲ．①民族服装－服装设计－中国－高等学校－教材　Ⅳ．①TS941.742.8

中国版本图书馆CIP数据核字（2014）第256841号

策划编辑：李春奕　　责任编辑：杨　勇　　责任校对：余静雯
责任设计：何　建　　责任印制：储志伟

中国纺织出版社出版发行
地址：北京市朝阳区百子湾东里A407号楼　邮政编码：100124
销售电话：010—67004422　传真：010—87155801
http://www.c-textilep.com
E-mail：faxing@c-textilep.com
中国纺织出版社天猫旗舰店
官方微博 http://weibo.com/2119887771
北京华联印刷有限公司印刷　各地新华书店经销
2015年4月第1版　2021年12月第5次印刷
开本：889×1194　1/16　印张：8
字数：81千字　定价：49.80元

出版者的话

《国家中长期教育改革和发展规划纲要》中提出“全面提高高等教育质量”，“提高人才培养质量”。教高[2007]1号文件“关于实施高等学校本科教学质量与教学改革工程的意见”中，明确了“继续推进国家精品课程建设”，“积极推进网络教育资源开发和共享平台建设，建设面向全国高校的精品课程和立体化教材的数字化资源中心”，对高等教育教材的质量和立体化模式都提出了更高、更具体的要求。

“着力培养信念执着、品德优良、知识丰富、本领过硬的高素质专业人才和拔尖创新人才”，已成为当今本科教育的主题。教材建设作为教学的重要组成部分，如何适应新形势下我国教学改革要求，配合教育部“卓越工程师教育培养计划”的实施，满足应用型人才培养的需要，在人才培养中发挥作用，成为院校和出版人共同努力的目标。中国纺织服装教育协会协同中国纺织出版社，认真组织制订“十二五”部委级教材规划，组织专家对各院校上报的“十二五”规划教材选题进行认真评选，力求使教材出版与教学改革和课程建设发展相适应，充分体现教材的适用性、科学性、系统性和新颖性，使教材内容具有以下三个特点：

（1）围绕一个核心——育人目标。根据教育规律和课程设置特点，从提高学生分析问题、解决问题的能力入手，教材附有课程设置指导，并于章首介绍本章知识点、重点、难点及专业技能，增加相关学科的最新研究理论、研究热点或历史背景，章后附形式多样的思考题等，提高教材的可读性，增加学生学习兴趣和自学能力，提升学生科技素养和人文素养。

（2）突出一个环节——实践环节。教材出版突出应用性学科的特点，注重理论与生产实践的结合，有针对性地设置教材内容，增加实践、实验内容，并通过多媒体等形式，直观反映生产实践的最新成果。

（3）实现一个立体——开发立体化教材体系。充分利用现代教育技术手段，构建数字教育资源平台，开发教学课件、音像制品、素材库、试题库等多种立体化的配套教材，以直观的形式和丰富的表达充分展现教学内容。

教材出版是教育发展中的重要组成部分，为出版高质量的教材，出版社严格甄选作者，组织专家评审，并对出版全过程进行跟踪，及时了解教材编写进度、编写质量，力求做到作者权威、编辑专业、审读严格、精品出版。我们愿与院校一起，共同探讨、完善教材出版，不断推出精品教材，以适应我国高等教育的发展要求。

中国纺织出版社

教材出版中心

教学内容及课时安排

章 / 课时	课程性质 / 课时	节	课程内容
第一章 （4 课时）	基础理论 （4 课时）		• 民族服饰文化解读
		一	民族服饰的社会性
		二	民族服饰与生理诉求
		三	民族服饰与民俗
		四	民族服饰的艺术性
第二章 （4 课时）	应用理论 （8 课时）		• 民族服装构造方法的借鉴与运用
		一	民族服装外轮廓的借鉴与运用
		二	民族服装内部构造方法的借鉴与运用
第三章 （4 课时）			• 民族服饰色彩、材料、图案等的启发与运用
		一	发现独特的色彩关系
		二	传统材料的启发
		三	对传统图案的研究与运用
		四	民族服饰传统手工艺的时尚运用
		五	民族传统配饰带来的灵感
		六	民族服饰的直接搭配应用
第四章 （4 课时）	应用理论与实践 （4 课时）		• 设计过程
		一	调查报告
		二	调研手册
		三	构思与草图设计
		四	设计稿的完成

注　各院校可根据自身的教学特点和教学计划对课程时数进行调整。

目　录
CONTENTS

第一章 民族服饰文化解读

任何事物的起源，一般都有长期孕育的过程。人类从最初的蒙昧时代到现在的文明社会，服饰一直伴随着人类社会文化的发展而不断发展演变。人们通过服饰这一途径来实现诸多社会的、宗教的、政治的、经济的、伦理的、制度的等各种社会文化，服饰已经在某种程度上将自身演绎成一种衣文化，成为整个社会文化圈中不可分割的一个重要组成部分。同时，社会发展也使得人们的着装尺度、服饰材质、服饰色彩等不断地发生变化。因此，服饰是一种社会文化形态，具有物质的和精神的双重属性。在对我国民族服饰语言的时尚转换运用之前，有必要对民族服饰的社会性、服饰与生理诉求、服饰与民俗、服饰的艺术性进行解读。

第一节　民族服饰的社会性

社会的人与服饰构成的整体形象都带着明显的社会色彩，不论哪个民族的服饰，从它在社会中存在的本质来看都具有明显的社会性，并折射出社会各方面信息，如经济、文化、科技的发展水平以及风俗习惯、宗教信仰等。这些信息可以作为我们了解及体会不同民族社会文化的一个途径。

在对民族服饰的考察、了解中不难发现，服饰在少数民族社会文化发展进程中起到了重要的作用。一方面，它将一个民族服饰的主要面貌保留下来；另一方面，也将一个民族历史中的重要事件、风俗习惯、宗教信仰、神话传说等转化为服饰的图案、款式、工艺等形式，记录下一个民族发展变化的痕迹，成为我们了解不同时期服饰文化的一个实物依据，有助于在现代服饰设计中对民族服饰语言的运用与借鉴。

一、民族服饰与宗教

“任何一种宗教都是对超自然力系统化信仰维系起来的社会人集合体，以及该集合体在延续与运作中造成的社会现象总和。”[1]这是人类学家对宗教的定义，并且认为世界上每个民族都有可以囊括在“宗教”这个术语下的信仰。宗教对人类服饰文化的影响极为久远。在远古时代，人类生存环境受大自然约束的情况下，企图利用某种神秘的力量来实现人们美好生活的愿望，人们将这种具有原始崇拜和巫术的精神追求附着在服饰中，使人类服饰在千百年的历史发展中把本来属于宗教的精神信仰深深地蕴含在其中。

总体来看，我国宗教服饰主要分为僧侣服饰、师公服饰、萨满服饰、跳神服饰、巫师服饰五种。其中僧侣服饰、师公服饰主要在汉文化中流行，而萨满服饰、跳神服饰、巫师服饰主要在我国的少数民族文化中存在。师公服饰是道教神职人员的服饰，道教服饰尚黄，包括道袍、道巾、羽衣、霞帔等，其服饰风格和思想对上层社会服饰和民间服饰习俗都有影响。萨满服饰是从事萨满教活动的神职人员所穿着的服饰（图 1-1），萨满服饰主要是萨满举行祭祀的必备服饰，其服饰上的图案、佩饰都有一定的宗教象征意义，象征萨满的守护神。跳神服饰是参加宗教活动时人们穿的特殊服饰，由于各个民族的跳神习俗不同，其跳神服饰的参加者与扮演者的角色不同，所以没有统一的服饰而是各显异彩。巫师服饰是原始宗教祭祀时巫师穿的服饰，巫师是沟通人与神之间的媒介，其服饰主要以当地少数民族的服饰为主要着装形式。

在很多少数民族服饰中，对本民族宗教意识加以记录的除了语言和文字之外，大部分是以服饰图案形式来传承给后代，使人们在着装时通过图案唤起一种对祖先神灵熟悉的情感去思考它并延续其宗教意义。在一

[1] 罗康隆．文化人类学论纲．昆明：云南人民出版社，2005：307。

图 1-1　萨满服饰

些民族服饰图案中就有表现超自然威力的动物、人物纹样。如榕江地区苗族鼓藏节旌幡上的祖灵和有神灵的万物的图案，这些纹样在苗族服饰中随处可见，并通过与口头传说故事相结合的方式使图案保留得很完整。人们运用图案的手法来加强对崇拜物的感情，使图案与宗教意义紧密相联，加上每年的具有宗教意义的节日活动，本民族的音乐、舞蹈、祭祀等内容渲染着宗教气氛能引起情感的兴奋以增强宗教的信念，更加强了一个民族对它的记忆（图 1-2）。

图 1-2　苗族鼓藏节旌幡上的龙凤纹

二、民族服饰与社会角色标志

社会角色标志指的是社会汇总不同性别、不同地位、不同支系、不同职业的人用服饰来加以区别，这种现象比较普遍地存在于许多民族中。

（一）民族服饰中的性别标志

民族服饰中性别标志的特征主要体现在服饰的款式、装饰、配饰等构件上，从款式上来看，少数民族服饰中男装大多简洁，整体性强，以宽肩、直线外轮廓造型为主，以强化男性的体型特征和在生产、生活中的角色需要（图 1-3）。女子服饰款式构造比男子服饰复杂多样，以塑造女性柔美、多姿的特质（图 1-4）。从服装的装饰上来看，绝大多数民族女装上的装饰比男装上的装饰丰富。

图 1-3　男子服装

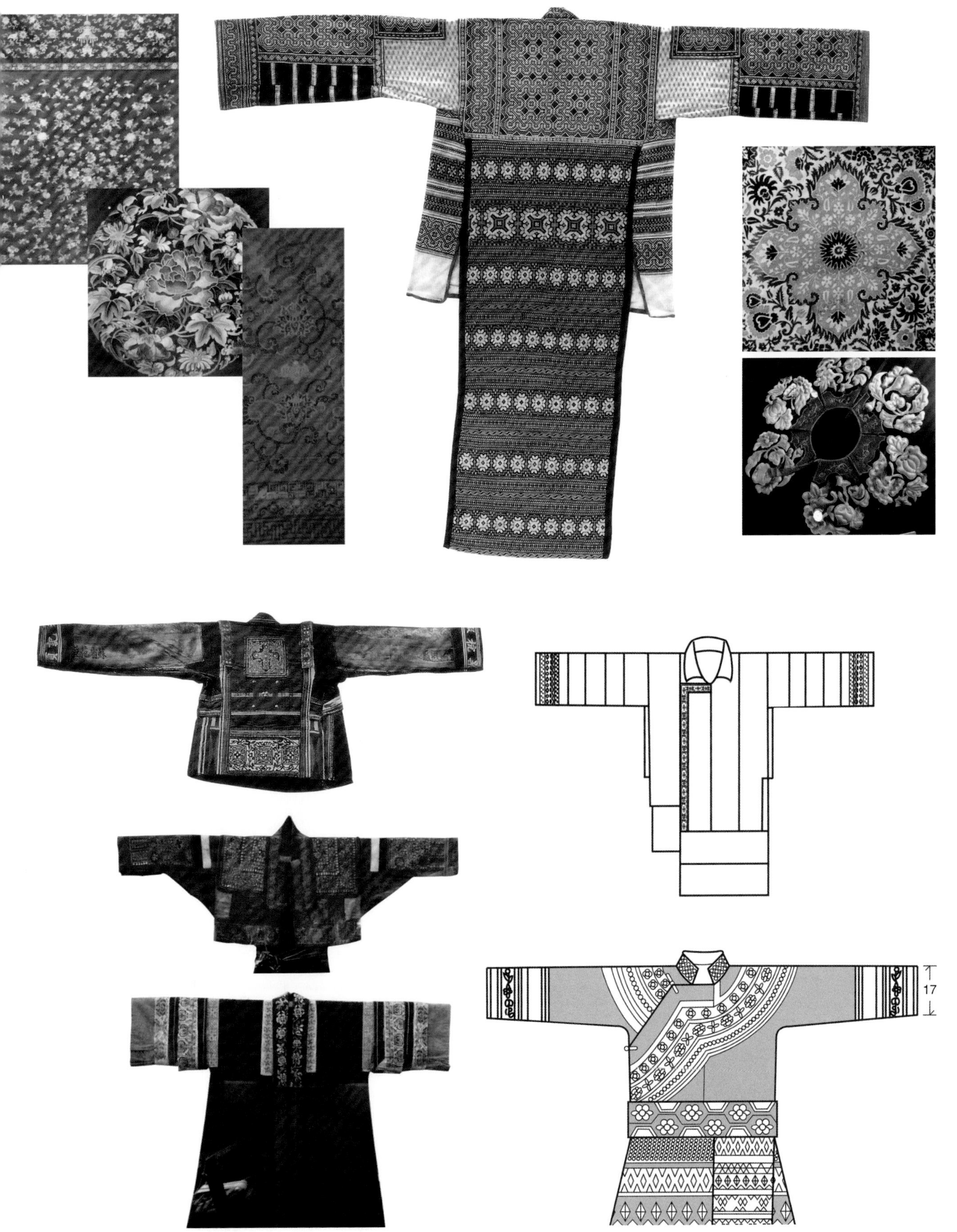

图 1–4　女子服装

从配饰上看，大多数民族的男子有配饰，但几乎所有民族的女子都有配饰，而且女子的配饰远远比男子的配饰丰富。男子常用的配饰有烟枪、鞋、绑腿、腰饰、包袋、帽子、头帕等（图 1-5）。女子使用的配饰造型独特、种类繁多且有着浓烈的女性性别特征，除各种头饰、包袋、鞋、绑腿外，还包括各种穗子装饰、首饰、腰饰、披肩、脚环、荷包、臂环、香囊等（图 1-6、图 1-7）。

图 1-5　岜沙苗族男子的包袋与头饰

图 1-6　不同民族头饰

图 1-7　傈僳族女子帽子

（二）民族服饰中的不同支系标志

同一个民族由于支系不同，其服饰、语言、习俗也不完全相同，而形成民族不同支系的主要原因是民族历史上的大迁徙。在民族迁徙过程中部落被分散、割裂以致定居点不同，不同区域文化的影响加上其他民族文化的相互交融就形成了不同的语言、习俗和服饰。一个民族不同支系在服饰上整体风格一致，但在局部造型、装饰、色彩、材料等方面有些不同。如彝族仅按区域其服饰样式就分：大小凉山服饰、滇西服饰、滇中服饰、滇东南服饰、滇东北服饰、黔西北服饰六大类型，每一类型中有几十种款式。如大小凉山纳苏支系的服饰与大小凉山诺苏支系的服饰就不相同（图 1-8、图 1-9）。

图 1-8　彝族纳苏支系服饰

图 1-9　彝族诺苏支系服饰

第二节　民族服饰与生理诉求

人穿着的服饰必然与人体各部位发生直接接触，随着人体的伸缩与扭动，包裹在人体之外的服饰也由于被拉伸或被绷紧出现褶皱，并引起人的生理上的感觉与反应；同时人是自然的人、社会的人，其着装环境、生活环境、生产方式都对服饰产生影响。因此服饰与生理诉求指人们在创造服饰的过程中，首先考虑到的是服饰如何具有适应人体需求以及让人体适应生存环境的功能。包括人体装饰，民族服饰与生活环境、生产方式两方面内容。

一、人体装饰

从古至今人对自身的装饰与塑造的行为从未停歇过，如穿鼻、穿唇、画唇、穿舌、凿齿、染齿、黥面、涂面、穿耳、环颈、刺指甲、隆胸、束腰、缠足、文身和人体绘画等。有些属于较为原始的做法，如穿鼻、穿唇、画唇、穿舌、凿齿、染齿、黥面等；较为现代的做法，如隆胸、人体绘画、抽脂肪、文唇线等，称之为美容术。

在我国民族服饰现象里，比较常见的有文身、黥面、饰齿、穿耳等。例如，我国西南地区的独龙族、德昂族的文身、黥面主要是用染料轻轻刺于皮肤的表面形成图案，之后颜色就附着在皮肤上，不会脱落。饰齿包括染齿、凿齿、镶齿，染齿是用植物染料将牙齿染色；凿齿在民间称为打牙，就是拔牙；镶齿是用金、银片包住牙齿。穿耳是对耳朵进行打孔再挂修饰物的行为。

文身、黥面的图案一般来说与神有关，但经过漫长的岁月逐渐形成了一个民族、部落的象征。我国现在保留文身、黥面的民族有傈僳族、傣族、高山族、黎族、布朗族、彝族、独龙族、德昂族等。人们一般以花卉、动物、几何为文身的图案，文面的图案是图腾崇拜的符号或是与服装图案一致。文身的部位有面部、胸、手臂、腰、大腿、背（图 1-10）。

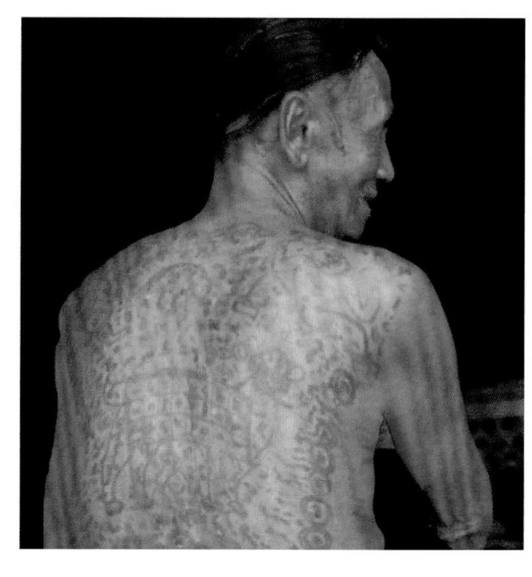

图 1-10　德昂族男子文身

我国保留染齿习俗的民族有哈尼族、布朗族、德昂族、傣族、基诺族等。布朗族口嚼槟榔将牙齿染黑，这是布朗族成年人的标志，牙齿不染黑就不能到社会上进行各种社交活动；傣族用一种古老的栗木烟涂牙也将其作为成年的标志；基诺族男子通常用梨木胭脂染牙齿。我国的壮族、仡佬族、高山族曾经有凿齿的行为。壮族男女在成年时进行凿齿，仡佬族女子在结婚时要进行凿齿，高山族男女年龄在 8 ～ 12 岁时进行拔齿。

穿耳也是一种古老的习俗，我国少数民族中几乎每个民族都有穿耳的风俗，尤其是女性，有的女孩在四五岁的时候就开始打耳洞。穿耳的形式十分丰富，有的以大耳垂为美，以沉重的耳饰将耳洞悬垂，使得耳洞越来越大（图 1-11）。

图 1–11　苗族妇女耳饰

二、民族服饰与生活环境、生产方式

人的生活环境与生产方式等因素影响着服饰的存在。具体而言，自然环境中的地域条件、自然气候等因素，社会环境中的政治、经济、科技等因素，还有各种生产方式等，正是这些因素的存在，从而在世界范围内形成了一些极具地域特色和民俗特色的服饰文化现象。地域环境是一个民族服饰文化赖以生存与发展的物质基础，从世界各个区域的民族服饰发展过程中不难看出，它们无一不是顺应着本地域的自然环境和自然条件而发展的。

在我国少数民族服饰中，按照其地域条件划分可分为东北、西北、西南与东南，按照气候条件可分为寒带地区、温带地区、亚热带地区。生活在寒带地区、温带地区的少数民族主要有蒙古族、满族、鄂伦春族、赫哲族等，以畜牧业为主要生产方式，由于气候寒冷加上畜牧业带来的大量皮毛，其服装结构以中长袍、长裤居多；服装材料以毛皮、毡裘为主。如蒙古族、鄂伦春族等穿用的长袍、皮衣、背心、帽子、靴、手套、皮包等都是以毛皮为主要材料制作而成的（图 1-12）。

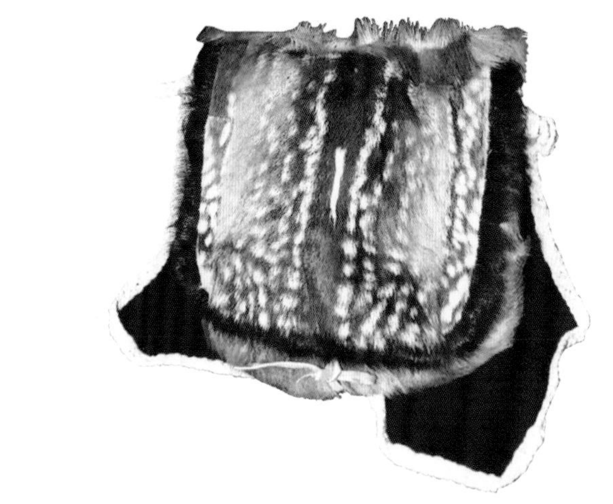

图 1–12　鄂伦春族妇女穿用的皮袍与皮包

生活在亚热带地区的民族如东南沿海的客

家人，以捕鱼为主要生产方式，由于亚热带的海洋性气候，客家服装保持了中原宽博及右衽的特点，上衣和裤子都保持了宽松肥大的古风。如客家人常穿的大裆裤以裤裆较深、裤头较宽为特色；为了适应气候，皆戴竹制凉帽，用细薄竹篾编成圆平面，中间留空，戴在头上露出发髻，帽檐用纱罗布缝挂以便遮阳，客家人称之为凉帽（图 1-13）。

生活在温带地区、亚热带地区的一些山地民族以农耕生活为主，气候特点是夏季潮湿、闷热，冬季不太冷，有些地区阳光充足，其服饰中裙子较多，大都以吸湿性较好的棉织物为服装的主要材料（图 1-14），冬季用棉袄保暖。

生活在西南高山地带的民族，由于那里的日夜温差大，日照强、风干、寒冷，人们一般使用动物毛做成毡、呢来制作披风、裙子、袍子、帽子等。例如，藏族的男女服饰，毛皮装饰领边的呢子长袍，袖口、门襟配上藏族特有的彩条毛织物氆氇，女子用它围在前面作围腰保暖（图 1-15），男子用它作袍子的边缘装饰；纳西族冬天的着装，在后背披上一件羊皮保暖，羊皮并没有做成皮衣而是缝上带子直接披在身上。这些都是人们在适应环境、就地取材，为自身提供生存的物质基础，是服饰顺应自然的必然性。

图 1-13　客家凉帽

图 1-14　丽江华坪傈僳族服饰

图 1-15　藏族服饰

第三节 民族服饰与民俗

法国的山狄夫在《民俗学概论》中提出了民俗的三种分类：物质生活、精神生活、社会生活，民俗就是一个民族世代相传的民间生活风俗。民族服饰的民俗意义说明服饰的形式与观念存在于某一民族的社会风俗中。服饰本身既直接反映着物质民俗，如服装构成、穿着配套都有一定的民俗约定性与规范性而且世代传承；同时服饰又是精神民俗，寄托着人们对生活的各种愿望和情感，如巫祝、厌胜、喜丧及贵贱等。

一、民俗事象中的民族服饰

民俗事象就是来源于民间又被世代相传的活动和现象，包括思想意识和行为。民俗的特点是地域性、传承性、群体性和历史性。民俗生活对服饰的创造和传承有直接的关联，民俗生活也缺不了服饰的参与，服饰在普通民众的民俗生活中表达出了民众的种种愿望，如人生的重要阶段、节日、日常娱乐等。

（一）人生重要阶段的民族服饰

在很多的民俗生活中，人生的重要阶段往往通过不同的民俗活动表现出来，服饰通常是民俗活动中最为主要的外在形式，如人生中的重要阶段——诞生、成年、结婚、去世等。人从一出生就开始与服饰结缘，成年时要有成年礼仪，要穿着特殊的礼仪服饰或留有特殊的装饰标志。结婚有婚礼服，不同国家和民族的婚礼服各不相同，这是每个人一生中都很期待的服饰之一。人死后要着丧葬服，各民族的丧葬服也各不相同。不同的民族有着不同的民俗，这些服饰都是从日常生活中变化而来。

在一些民族的风俗中，婴儿要举行穿戴仪式，如我国中东部地区人们常常在婴儿刚满一周岁的时候举行一个满岁仪式，给婴儿穿上特殊的贴身肚兜，上面绣着福禄寿喜、桃枝、鲤鱼跳龙门等图案。从儿童到成人是个重要阶段，我国很多民族把成人礼当做很重要的一个仪式。例如，贵州岜沙苗寨男童时期，要留顶发、戴耳环、佩项圈；朝鲜族儿童的上衣用七色缎料相配象征彩虹，有光明、辟邪、祝福的民俗内涵（图1-16）；彝族、侗族、纳西族等的女孩都会举行一个成人礼，换掉童年的裙装穿上母亲为其亲手缝制的成人裙装，跨入成人阶段。

在一个民族的民俗事象中，结婚是人的一生中最为重要的环节，服饰也是这一重要环节中的一个重点。很多民族的婚礼服饰都比日常服饰样式复杂、装饰丰富、佩饰品种多样，常常被称为盛装。如黔东南榕江乐里一带的七十二侗寨女子的嫁衣（图1-17）。相比之下，男子的婚礼服饰则相对简单。

一些民族地区，服饰也是区别婚否的一个标志。例如，藏族未婚女子与已婚女子的发辫不同，少女发型

图 1-16　朝鲜族儿童装

图 1-17　侗族女子嫁衣

为三股结扎成一个大辫子，可独辫盘在头上，已婚女子则梳小辫，可达100多根；一些地区的羌族妇女通过头帕和围腰上的绣花来区别是否已婚；白族女子则用头饰上的穗子的长短来区别婚否，未婚女孩的头饰穗子长至肩下（图1-18）。

图1-18　白族未婚女孩头饰

丧葬服，在不同的民族有着不同的讲究。在一些民族的习俗中，对丧葬服的色彩有规定，反映出不同的求吉心理。我国很多民族的丧葬服的色彩大都以白色为主，并戴黑纱、白花以示哀悼。例如，汉族一些地区的丧葬服，一般为头戴白布，腰间围系白巾，手臂戴黑纱，不同辈分的人穿戴的色彩与款式也有些不同；白族的丧葬服用白布做成，如果逝去的老人是享年者，其重孙、曾孙辈则服红色丧葬服，表示死者儿孙满堂是喜丧。贵州的一些少数民族的葬礼中，逝者的儿子要穿大袍、马褂，如三都水族丧葬服采用白色棉、麻布作丧礼大袍，孝子孝孙穿白布长袍，头扎白巾、带白花帽，脚穿白布鞋（图1-19）。

（二）民俗节日中的民族服饰

许多民族都有自己的节日，尤其是本民族传统节日的时候，都要穿戴最好的服饰来展示自己。在一些少数民族的节日里，往往是一个村寨的人都会穿着盛装出席节日的盛典，如贵州侗寨的鼓藏节，整个村落和临近村寨的人都会穿着盛装来参加聚会（图1-20）。

二、民族服饰——民意的寄托

一个民族的民俗往往通过很多节日来表现，服饰是一个民族节日中最为丰富、最能体现民族精神的一种语言符号。如贵州黄岗侗寨的喊天节，整个

图1-19　丧葬服

图1-20　侗族鼓藏节服饰

村寨的人们，从儿童到老人以及巫师都要穿上华丽的服饰来祭奠他们的萨母，以求得一年的风调雨顺。如今我国很多民族依然保存着其本民族的民俗文化，这也是其服饰文化能够延续发扬的一个重要手段。

在民族服饰中，图案是文化的一种印记，是民意的寄托。很多民族服饰图案多由原始的神化崇拜及自然居住环境衍生而来，由实物形象到抽象符号，从一种图案演变至多种形态的图案，有的甚至成为妇女之间交流的文字。服饰图案直接反映了人们祈求吉祥、富贵、平安、丰收等愿望，其形式有求子图、花蝶盘长、花开富贵、龙鸟呈祥、荷花绿叶、山茶牡丹、年年有鱼、二龙戏珠、人形纹、树纹、竹纹、蕨芨纹、鱼纹、蜘蛛纹、井纹、葫芦纹等。例如，贵州苗族服饰中的鲤鱼跳龙门纹样（图 1-21），贵州榕江地区侗族服饰中的背扇、围裙、头帕上的榕树与太阳纹（图 1-22），黎平尚重地区侗族妇女围裙飘带上的葫芦形香包的花朵图案（图 1-23）。

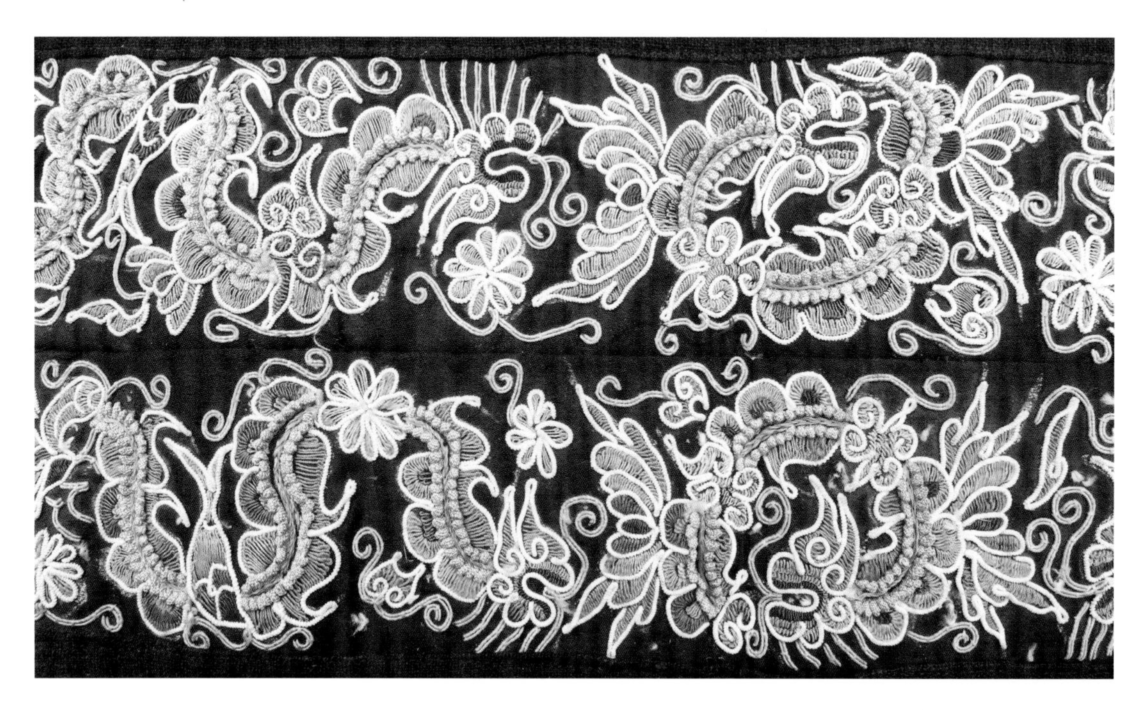

图 1-21　鲤鱼跳龙门纹样

图 1-22　背扇、围裙上的榕树与太阳纹

图 1-23　葫芦形香包的花朵图案

第四节　民族服饰的艺术性

在人类漫长的历史中，自茹毛饮血的原始社会到物质文明高度发展的今天，人的创造能力非常强大。在不同时代、不同环境中，人们对创作与审美的要求都在逐渐发生变化，服饰作为人类文化的凝聚物或某个民族、个体的艺术形式，无论从哪个方面讲，都体现出人类对服饰的要求各不相同，对服饰的艺术创作与审美的追求也永不停息。格罗塞在《艺术的起源》中提出“艺术的努力是由它的整个过程或者它的结果来引起审美感情”。[1] 也同样说明服饰的艺术性应该从服饰创作和服饰审美两个方面来考察。

一、民族服饰创作

服饰的创作是人类在不同的历史时期、一定的生存环境中，为了适应自然、社会、自身需求以及审美意识而进行的一项较为复杂的构思、表现和完成的过程。通过不同的服饰形制、材料和工艺来表达其寓意性和审美需求，其中任何一个环节都与其他的环节紧密联系。

（一）民族服饰创作的条件

“服饰是人类实践活动的产物，即是生活用品，又是人们关照自己本质力量的审美对象，它直接或间接地体现着人的创造力量和审美理想。”[2] 也就是说审美是人类自我意识和自我实现的情感表现。在历史的长河中，民族服饰形成了以整体民族为统一概念的服饰外观，所以反映在民族服饰审美观念中的个人愿望不占主导地位，服饰审美观念中的社会性特征最为明显。反映在服饰的造型、色彩、材质以及人的整体着装形象上，个人为了使自己的行为与社会规范或某一民族群体有一致性，便穿着符合某一民族认同样式的服装，形成了具有特色的统一的民族服饰面貌。

服饰创作的另一个基础条件是生态环境和经济结构。生态环境好似民族的生存之地，其地理环境、生产方式、气候条件是服饰创作中必须要考虑的条件。

（二）民族服饰创作的材料

材料是服饰的基础，服饰材料是人们对自然认识的一个飞跃。人类最早的蔽体之物主要以山草、木叶、树

---

❶ 格罗塞．艺术的起源．蔡慕晖译．上海：商务印书馆，1984：234。

❷ 叶立诚．服饰美学．北京：中国纺织出版社，2001：235。

皮、羽毛、兽皮等为主。在服饰创作过程中主要通过对原材料的直接运用和对原材料的加工两个方面进行创作。

1. 对原材料的直接运用

主要指将自然界中自然生成的一些材料直接用于服饰创作中，如将植物的叶、茎、花，动物身上的皮毛、牙齿、羽毛等不经过特殊加工直接用于服饰制作。如侗族、苗族男子的节日盛装——芦笙衣，运用白色的鸟羽作为服装底边的装饰（图 1-24）。

2. 对原材料的加工

主要是对自然界中植物的根、叶、茎等原材料进行处理，经过纺、织、染等加工后，使其作为服饰创作的材料；或是对动物皮毛、石材等进行打、磨、凿等加工，然后制作成服饰。如侗族服饰中的侗布，是侗

图 1-24 贵州侗族、苗族男子的鸟羽衣

族的主要服饰面料，也称为亮布，制作时，先将棉花纺纱成线，然后通过织布机织成棉布，用蓝草制成的蓝靛将布染色，再经过晾晒、清洗、捶打、刷蛋清、蒸、晒干等过程，最终形成闪光发亮的侗布（图 1-25 ～图 1-30）。在苗族、侗族很多地区都保留着这种制布工艺。

图 1-25　染色

图 1-26　晾晒

图 1-27　清洗

图 1-28　捶打

图 1-29　刷蛋清

图 1-30　再晒干

在服饰创作中，从自然界的动植物中提取棉、麻、丝纤维纺织而成的面料，是各民族服饰中使用最为普遍的材料。我国古代使用的纺织原料主要有棉、麻、丝，它们出现的先后顺序是麻、丝、棉。古人最早使用的纺织品就是麻绳和麻布，大麻布和苎麻布一直作为服饰衣料，从宋代到明代才逐渐为棉布所替代。麻是在我国母系社会繁荣时期出现的；植棉和棉纺织是从宋代开始的；丝是在距今五六千年前的新石器时期中期，我国便开始了养蚕、取丝、织绸。同时，纺织技术的发展也使得服饰材料的创作得到大大地提高，人们发明了捻、绩、纺等纺织技术，用手工或者织布机通过经纬线的交替穿插起伏织成布料。随着技术的进一步发展，人们对动物的皮毛也可以进行进一步加工，如采用硝制等办法将毛皮制成符合缝制服饰的面料。

（三）民族服饰创作的工艺手段

服饰创作中的工艺手段非常丰富。民族传统的面料制作工艺主要有纺纱、织布、染布、刺绣，从对纱线原料的发现、从植物中发现染料，到对织布机的发明进行纺纱织布，再到包括面料色彩、肌理的处理，如扎染、蜡染、印染、做旧、百纳布工艺等；面料图案纹样的处理，如刺绣、镶花等；面料构成的处理，如织锦、编织、编结等；同时也包括饰品的制作，如头饰、项饰、耳饰、背饰等，形成了一个服饰手工制作的原生态循环系统。

1. 百褶工艺

在少数民族服饰创作中，百褶工艺是将自制的织布、毡子等面料作百褶处理的一种工艺。其过程是通过手工将面料缝制、收缩、折叠成褶裥，然后通过捆绑、压制成型形成百褶（图 1-31）。如彝族的察尔瓦，苗、侗、彝族等女子的褶裙等都使用这种工艺制作出来。

2. 百纳布工艺

亦称镶布工艺，是民族服饰制作中常见的一种工艺，即将各色面料按一定的图案拼接成一块整体，并在面料的背面缝制一块底布，以避免拼接的边缘缝头滑落，因此百纳布是双层面料做出来的，比较结实，一般用于制作儿童的被褥、围腰、背带（背扇）等。由于百纳布是多色布块的拼接，所以它的色彩多样鲜活，同时也具有吉祥的寓意，寓意着儿童穿着百家衣能够健康成长。如苗族、侗族百纳布儿童背扇（图 1-32）。

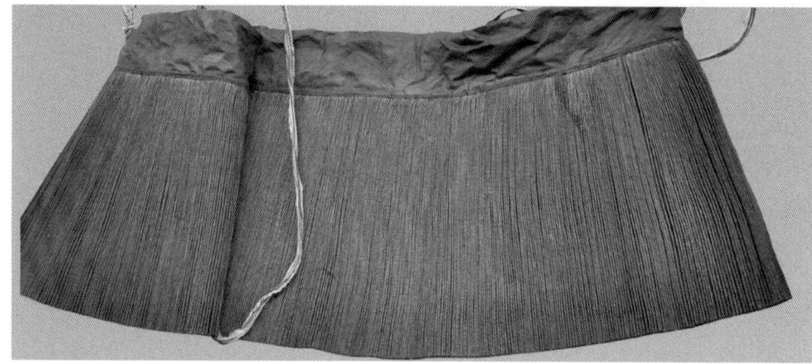

图 1-31　苗族褶裙的制作

图 1-32　百纳布儿童背扇

3. 扎染

指用一定工艺、按照所需要的图案结构用线把布捆绑起来，放入配置好的染料中进行染色，再经过固色、漂洗、晾干等处理过程，最后将捆绑线解开，被捆绑包裹的地方因未接触到染料而未染上色，因此形成所需要的图案（图 1-33）。传统的扎染染料一般是纯天然的植物染料或矿物染料，其植物染料取材于山川大地，由于受到季节、时间、气候、地域各种因素的影响，故萃取出的染液呈现出不同的色泽，没有完全相同的。植物染料和矿物染料的制作过程不同，如植物靛蓝染料制作过程主要包括沤制蓝草、制作染料、制作染液三个步骤（图 1-34 ～图 1-36）。

图 1-33　云南大理周庄妇女制作扎染

图 1-34　沤制蓝草

图 1-35　制作染料

图 1-36　制作染液

4. 蜡染

指用蜡在布上画出图案，待蜡凝固之后将布放入染缸中染色、固色、漂洗，之后再放入沸水中将蜡煮化，待布晾干后，被蜡封住的地方就会形成图案。蜡染也属于防染手法的一种形式，例如，贵州麻江绕家枫脂染，以枫树脂为主要防染材料在布上画图案（图 1-37），然后将头巾放进染料浸泡一定时间后取出头巾，然后固色、漂洗、放入沸水中将枫树脂煮化，布晾干即可。

图 1-37　用枫树脂在布上画图案

5. 刺绣

指用针穿上彩色线，在布上上下穿梭，绣出各种图案。我国传统刺绣主要包括湘绣、蜀绣、苏绣、粤绣等。在许多少数民族地区，刺绣是最为常见的一种服饰装饰工艺，其刺绣方法非常多，包括锁绣、打籽绣、布贴绣、皱绣、马尾绣、锡片绣、肩带绣、梗边绣、锁丝绣、堆绣、缠绣、套圈绣、龙鲮绣、挽针绣、辫绣、打套绣等。如苗族的堆绣（图 1-38）。

6. 镶贴

指用不同颜色的布料，根据一定的图案拼贴，再在图案边缘用锁绣或其他绣法将图案固定在底布上。在许多少数民族传统服饰中，镶贴工艺使用比较普遍，如小黄侗族肇兴、水口地区的儿童贴绣口水围肚兜（图 1-39）。

图 1-38　苗族堆绣

图 1-39　肇兴儿童肚兜贴绣

7. 织锦

又称织花，织锦与刺绣都是传统民族服饰创作中最为经典的手工工艺。织锦主要依靠经纬线在织机上的穿插变化、色彩的变换形成不同图案。传统织锦的门幅有很多规格，30 ～ 90cm 不等，门幅宽的常用于衣裙、腰带、围裙、背扇、被子等（图 1-40），门幅窄的常用于挂包、绑腿、头帕等。此外，还有一种很窄的仅几厘米宽的，叫织带，常用于包背带、围腰带、腰带等（图 1-41）。

8. 编结

指用线、绳等进行编结，它与编织的不同是打结，因编结的手法不同而形成不同的图案。编结主要以手作为工具，如腰带、头饰或服装中大一点的装饰物主要用手编结。而小一点的坠饰一般要借助于手针编结，如服饰边缘、帽顶、耳饰的边缘悬垂物等。侗族妇女腰带、飘带边缘的流苏就是用编结方法制作而成的（图 1-42）。

9. 银饰制作工艺

银饰制作是一种特殊的手工艺。传统的银饰作坊有各种工具：风箱、坩埚、铜锅、锤子、凿子、锥子、拉丝坩、圆形钻、方形钻、松香板、拉丝眼板、花纹模型等。

图 1-40　织锦

图 1-41　织带

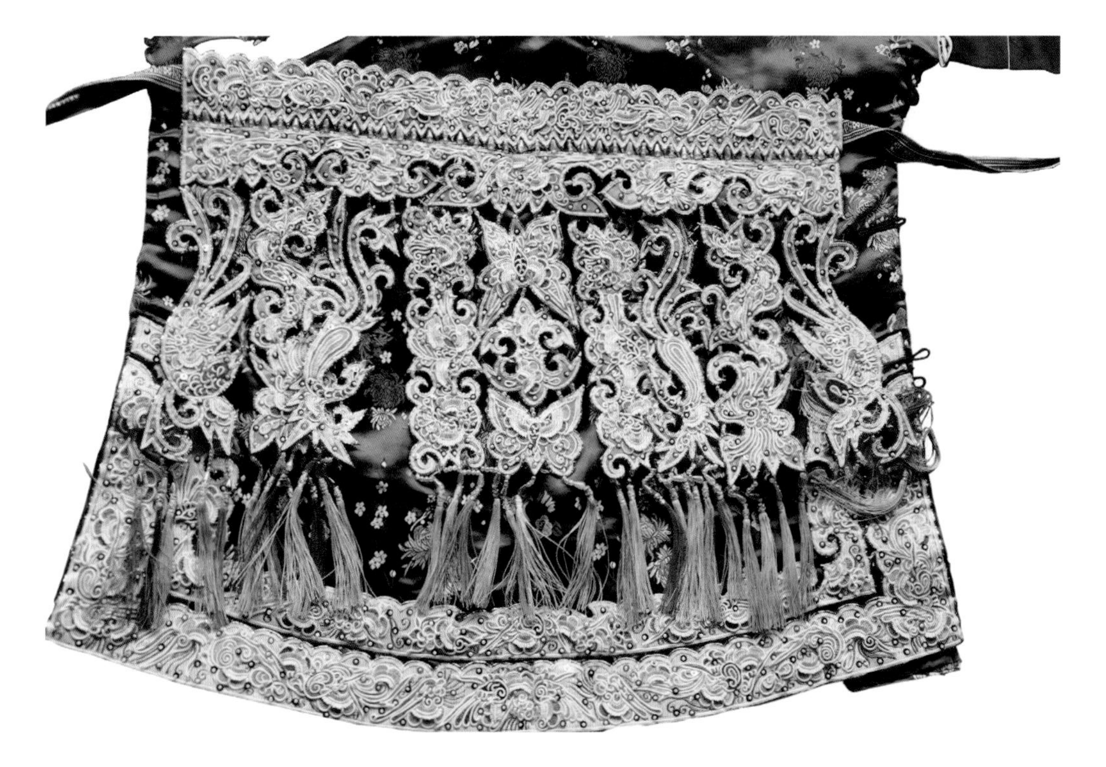

图 1-42　飘带边缘处编结流苏

银饰的制作工艺较为复杂：先将银置入坩埚（银窝）里并放在木炭炉子上，在高温下熔化成银水，然后将它倒入条状的槽子里待用，等坩埚里的银子凝固后取出来，趁热摊平，捶打成大张薄片，然后剪成小片，放入花纹模型内压制成型，再贴在松香板上雕凿花纹，大块银花板是用阴模压制的。若要做银丝，则将银锤成圆形，用拉丝眼板拉成细丝，拉出的丝有粗有细，可以用来盘花、做耳饰等。如贵州黔东南苗族的银帽、银项圈、银片以及银首饰（图 1-43）都是用手工做出来的。

图 1-43　苗族银饰

二、民族服饰风格特色

我国有 56 个少数民族，其历史、文化、风俗、习惯各不相同，这使得每个民族的服饰风格迥异，其特点是繁简有致，形制、款式、饰物或简或繁或疏或密，均独具风采、各显其美。不过虽然不同民族服饰风格不同，但追踪溯源与我国历代服饰形制基本一致，主要以上衣下裳和袍衫为主要结构形制。上衣下裳是我国民族服装的基本类型，上衣长度一般达到臀围处，下裳包括裤装、裙装、绑腿。从整体着装造型来看，服饰配件也是民族服饰的主要部分，饰物的存在使服饰形象更为丰富。在我国 56 个民族中几乎每一个民族都重视饰物，有的民族甚至把饰物看得比服装更加重要，其饰物比服装更加华丽繁杂。所以要了解民族服饰的风格特色，就必须从袍衫、背心、肚兜、披风、裤、裙和饰物上来了解民族服饰的造型特点、色彩特点、图案特点。

（一）民族服饰的造型特点

1. 袍衫、背心等常规上衣

各民族的常规上衣包括袍衫、背心等。

袍衫，即外穿的有袖的衣服。衫，有短衫、长衫，短衫长从腰到膝盖，其材质以棉麻为主，有里料无填料，春秋季以衫为主，常常为南方民族所用。袍，长一般至膝盖以下的位置，有里料、有填料，或用毛皮作为材料，冬季则以袍为主，为北方民族所用，如鄂伦春族、满族、蒙古族、赫哲族、土族、裕固族、鄂温克族、达斡尔族等。

背心，即无袖短衣、长衣，有的民族称为坎肩、马甲。北方民族的背心或坎肩一般用皮或毛皮制作，南方民族的背心大多用棉布制作，其造型特点与上装基本一致。

袍衫、背心等常规上衣，虽然样式变化较多，但从结构上看，还是以对襟、斜襟、大襟，圆领、立领，连袖，直身、A型居多。另外，袍衫一般会在两边侧缝系带子以固定前片，或者腰间加一条腰带，两侧缝处开衩至膝盖，目的是便于人们劳动或行走。

常规上衣中，对襟结构较为普遍，指上衣的门襟在前中线处开片分成左右各一片，大小一致，门襟线左右一般以盘扣镶之，如侗族男子的对襟衣（图1-44）。对襟上衣早在我国战国时期就已经存在，古代对襟服装的款式颇多，如半臂、鹤氅、披衫、褙子、比甲等。

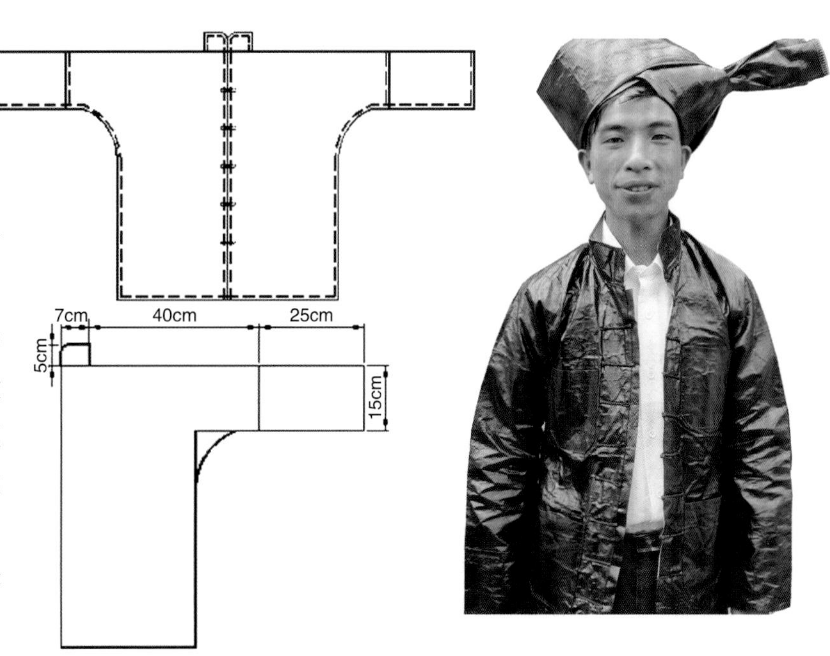

图1-44　侗族男子对襟衣

斜襟，是对襟的变化形式，也是常规上衣中较为普遍的一种结构形式，前衣片不以前中线而是以一条斜线为分割线直至侧缝，两衣片大小不一致，左右重叠为斜门襟形式。左衣襟在上形成右衽交领，右衣襟在上则形成左衽交领（图1-45）。大襟的形状是前衣片中的一片覆盖在另一片上直至侧缝处，通常从左侧到右侧完全覆

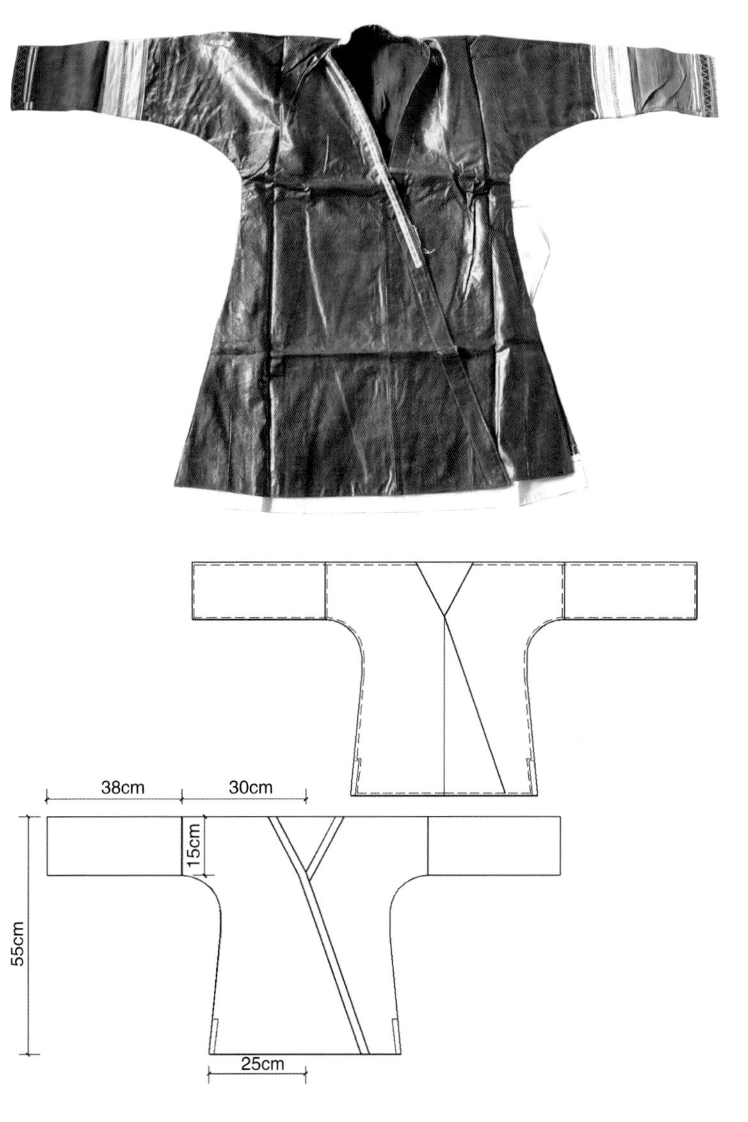

图1-45　侗族左衽衣

盖住下面的一片衣襟，有左衽、右衽之分（图 1-46）。

民族服装中常规上衣的领型，以立领、圆口领、V 型领为主。这几种领型也是我国传统服装的主要衣领造型。立领的领座高矮有所不同，领前角有方有圆，各具特色。如彝族的立领背心（图 1-47）。

民族服装中常规上衣的袖子造型，以连袖为主，这也是我国历代服装中最典型的袖子造型。连袖衣有些是正常肩，有些是落肩。各民族袖子的袖肥大小、袖口大小各不相同，彰显出各民族的特色。如四川德昌傈傈族连袖女上装（图 1-48），保山傈傈族连袖女衫（图 1-49）。

图 1-47　彝族立领背心

图 1-46　侗族妇女大襟衣

图 1-48　四川德昌傈傈族连袖女上装

民族服装中常见的衣身造型，以直身型或下摆稍大于胸围的A型为主，这两种造型也是我国历代服装中最为常见的造型。如傈僳族的男子短衫，是直身造型（图1-50）；鄂伦春族、哈萨克族、羌族的A型长袍（图1-51）；蒙古族羌族的A型女式长衫（图1-52）。

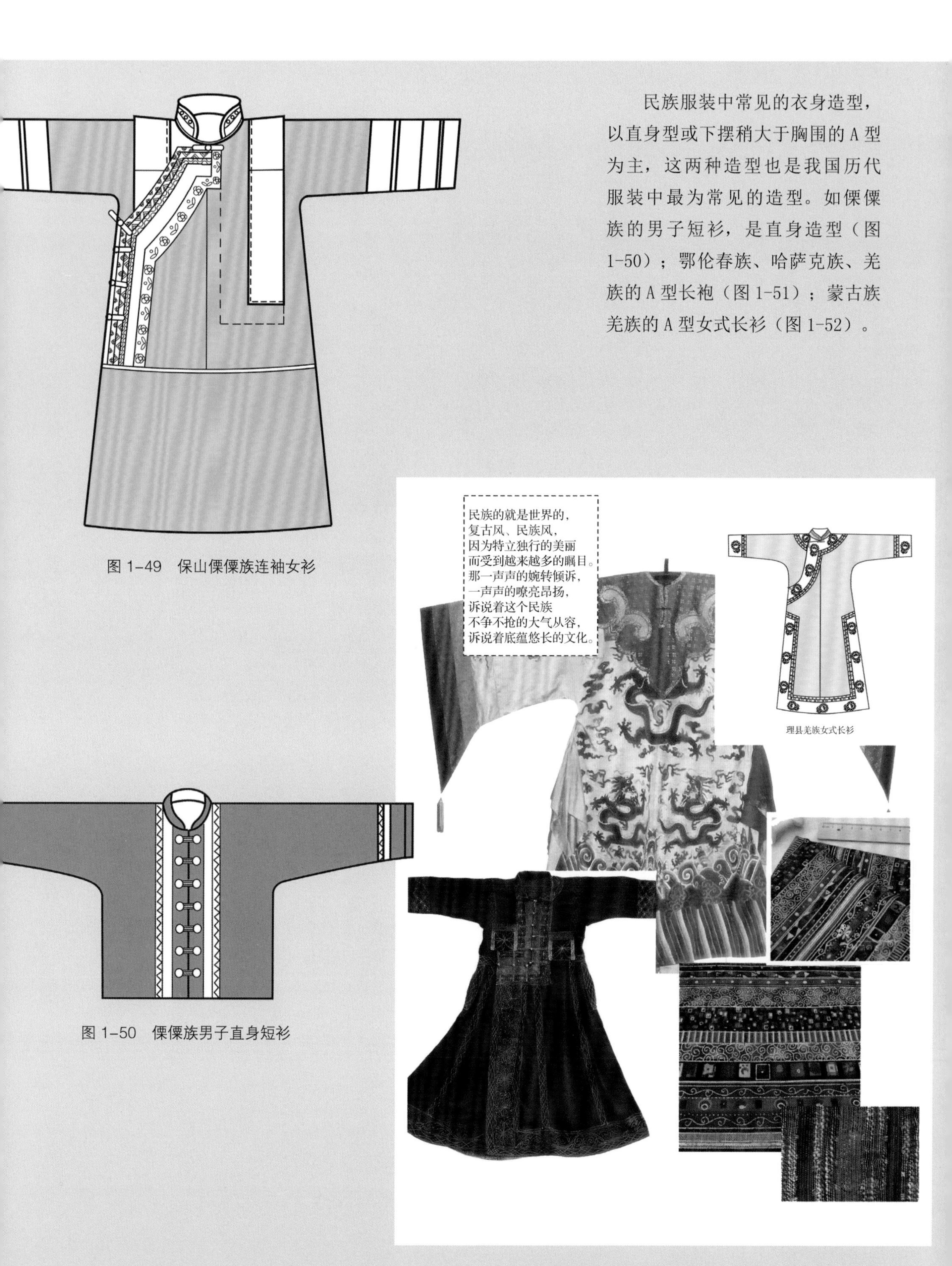
民族的就是世界的，
复古风、民族风，
因为特立独行的美丽
而受到越来越多的瞩目。
那一声声的婉转倾诉，
一声声的嘹亮昂扬，
诉说着这个民族
不争不抢的大气从容，
诉说着底缊悠长的文化。
理县羌族女式长衫

图1-49 保山傈僳族连袖女衫

图1-50 傈僳族男子直身短衫

图1-51 A型长袍

带一点儿民族风的装饰，
穿梭在喧闹的街市之中，
会有一种奇妙的感觉。
虽然你没有完美的身材
和完美的华服，
但你有坚持和韧性，
你知道自己需要什么东西，
精巧的刺绣
折射出细致和灵秀，
是你美好心理
和追求的体现。
鄂伦春族
OROQEN NATIONALITY
哈萨克族

图 1-52 蒙古族、羌族 A 型女式长衫

2. 肚兜

肚兜，古称兜肚，又有抹胸、裹肚、诃子等别名，属于贴身内衣。上用布带系围脖颈，下用带子系围于腰间，是挡在前胸至小腹的一块布，目的在于掩住胸腹。肚兜一般用棉布制作并绣一些图案来装饰，常常在肚兜正中绣各种纹样，如鸳鸯戏水、连生贵子、麒麟送子、年年有鱼等吉祥图案，多以趋吉避邪、吉祥幸福为主题。在我国各民族服装中，肚兜样式较多，男、女适用，尤其是儿童的必备之衣物（图 1-53）。

3. 披风

披风，又称大氅，主要披在衣服外面。披风无袖，颈部系带披在肩上，用以防风御寒。披风有长、短之分，短款曾被称为帔，长款又称斗篷。披风以一片式结构为主，其主要是用棉织物、麻织物或用牛毛、羊毛揉压而成的呢毡制作。如彝族的察尔瓦是用自制的羊毛毡子制作并压有百褶，披风的下摆很大可以将一个或蹲或坐着的人全部包裹以抵御寒冷（图 1-54）。

4. 裤

裤，人们下体所穿的主要服装，古代称为绔、袴。从出土文物及传世文献来看，早在春秋时期，人们的下体已经穿着裤子，不过那时的裤子不分男女，仅有两只裤管，其形制和后世的套裤相类似，无腰无裆，又

图 1–53　水族肚兜

称为胫衣，这是最早期的裤子。随着历史的发展，裤子逐渐发展成有裆裤，我国各民族的裤子其裤身的肥瘦、脚口的宽窄各不相同，各有特色，但最常规的是裤身、脚口适中的中裤和长裤（图1-55）。

5. 裙

裙，也是最普遍的一种下装，我国很多民族的妇女都穿裙子。裙的类型可分为连衣裙、长裙、中裙、短裙。从造型上可分为喇叭裙、节裙、筒裙、A 型裙、X 型裙，

图 1–54　彝族的察尔瓦

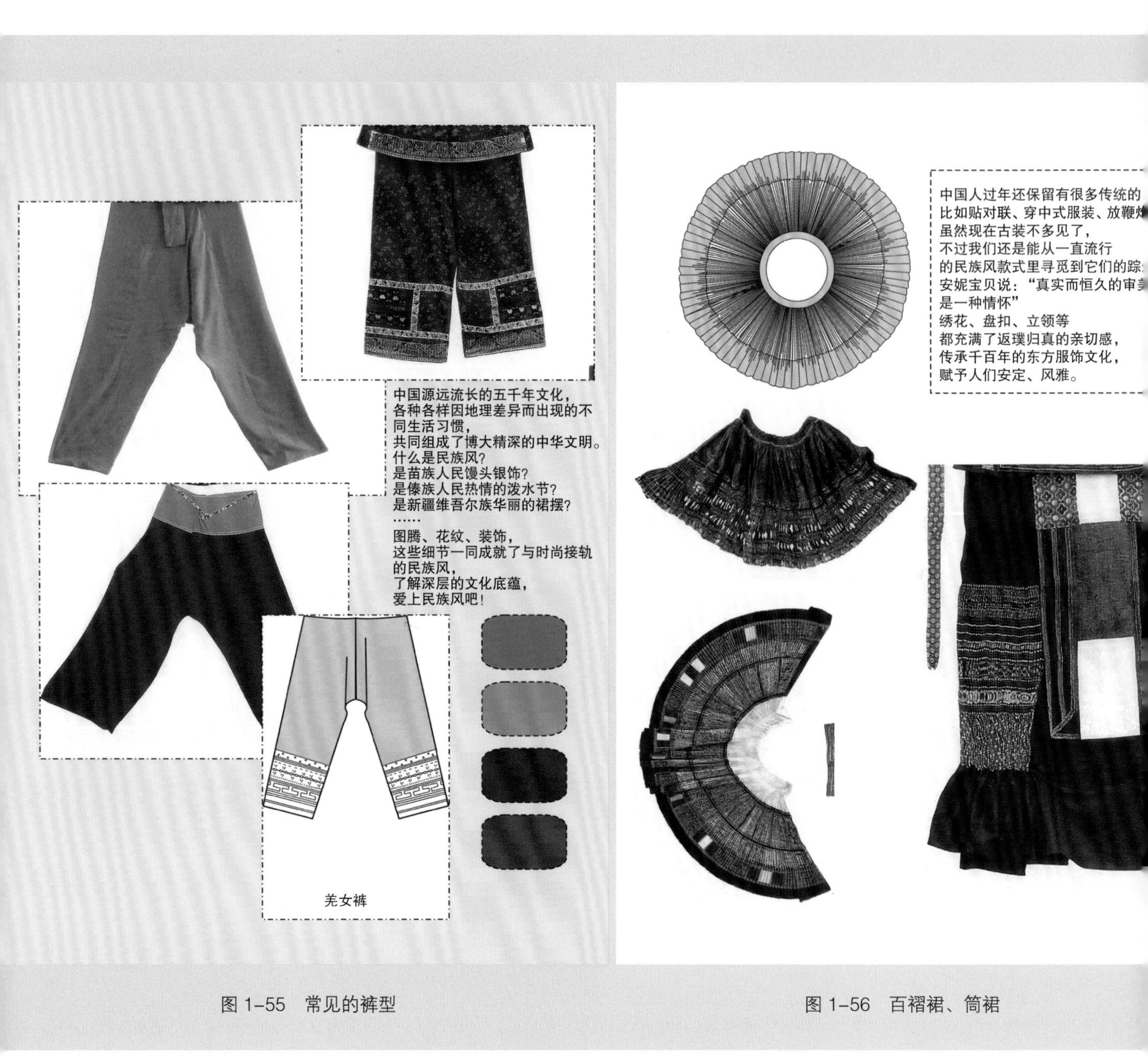

中国源远流长的五千年文化，
各种各样因地理差异而出现的不同生活习惯，
共同组成了博大精深的中华文明。
什么是民族风？
是苗族人民馒头银饰？
是傣族人民热情的泼水节？
是新疆维吾尔族华丽的裙摆？
……
图腾、花纹、装饰，
这些细节一同成就了与时尚接轨的民族风，
了解深层的文化底蕴，
爱上民族风吧！
美女裤
中国人过年还保留有很多传统的
比如贴对联、穿中式服装、放鞭
虽然现在古装不多见了，
不过我们还是能从一直流行
的民族风款式里寻觅到它们的踪
安妮宝贝说："真实而恒久的审
是一种情怀"
绣花、盘扣、立领等
都充满了返璞归真的亲切感，
传承千百年的东方服饰文化，
赋予人们安定、风雅。

图 1-55　常见的裤型

图 1-56　百褶裙、筒裙

形式多种多样（图 1-56、图 1-57）。少数民族的裙子结构种类较多，简洁的裙和繁复的裙都有。繁复的裙：如多褶裙（其褶子非常细密工整，全手工做褶）；瑶族、苗族、侗族、布依族的多层裙；彝族的多色节裙等。在一些民族地区裙常与裤装结合穿着，裙在外、裤在内，这种穿衣方式沿袭了我国古代服饰特色。简洁的裙：如裹裙（腰围与裙摆大小一致没有作收腰处理，直接将大于臀围的布料顺着腰部围绕一周，用绳、花带作为腰带将布固定在腰间形成）；西北的少数民族常穿的 A 型裙、收腰连衣裙等。制作裙子的材料多以棉、麻、丝绸、织锦为主，西北的少数民族多用丝绸做裙，南方少数民族则喜用棉、麻或织锦等材料做裙。

6. 服饰配件

服饰配件主要指除服装以外的所有附加在人身上的饰品，民族服饰中配件纷繁复杂，有首饰、帽饰、围腰、背篼、包袋、绑腿、鞋靴等。

（1）首饰：不可或缺的配件，首饰主要包括手镯、臂环、戒指、项链、耳环、发簪、发梳、背饰等。在有些民族中，首饰的种类、件数、价格甚至远远超出一套服装的价值。首饰的材质多种多样，几乎每个民

总有些事历经千载流传下来，为我们所传承、繁衍、转化，
如龟背里走出的文字，指尖翻转出的绳结，
以及那韵味无穷的民族服饰。对于穿衣打扮来说，
民族风早已不再新鲜、陌生，
但是民族风的推陈出新总会带给人惊喜和无穷的韵味。
傈僳族女装

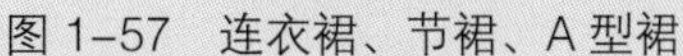
图 1-57　连衣裙、节裙、A 型裙

图 1-58　黄岗侗族妇女背饰

族都有用银、松石、玛瑙、海贝和动物的角、骨、齿等为材料制作的首饰（图 1-58 ～图 1-60），但每个民族各不相同，各具特色。

（2）帽饰：巾、帻、头帕、帽等包缠头部的物品均属于帽饰的范围。巾本是古时表示青年人成年的标志，男人到 20 岁时，有身份的士加冠，没有身份的庶人裹巾，束巾主要是为固定头发和方便之用。戴帻是为了将鬓发包裹起来不使下垂，如同冠类似帽子的一种头衣。用一块巾帕或两块布简单搭在头上的称为头帕，再用辫子、布带固定头帕。我国少数民族的帽子样式极为丰富，分为有檐帽与无檐帽，其造型以平顶、无顶、尖顶形式为主。有檐帽一般是北方少数民族和沿海一些少数民族地区的人戴，主要用竹片、毛皮、毛毡等材料制作而成。无檐帽一般是南方山地一

图 1-59　盖宝侗寨妇女背饰

图 1-60　侗族银饰

些民族地区的人戴，主要用各种手工制作的色布、扎染布料、蜡染布料、织锦在头上包裹而成。大多数民族的帽子都会配以珠串、银饰、羽毛、绒球、穗子、鲜花等饰品。各种头帕和帽子中，男以帽为主，女以头帕为主（图 1-61）。将银花、织花带、珠串、穗子、绒球等作在头顶的形式叫头饰，既有造型夸张的头饰，也有造型较简洁的头饰，苗族女子的头饰以繁复著称。织花带式的头饰一般配有银扣、银珠等饰品。另外，大多少数民族儿童帽上的装饰都比较多（图 1-62）。

（3）围腰：是民族服饰中最为常见的配件，围腰既有实用功能又具有装饰价值，可分为围腰、围裙两种。其材料一般采用棉、麻、丝绸、织锦等。围腰有长、短之分，长围腰一般从胸部至脚踝骨部位，是肚兜与围腰结合而成的。短围腰则从腰部至膝盖处，一般以围住腹部为合适。在一些少数民族地区，围腰又分为日常围腰与盛装围腰。日常围腰的装饰较少，主要在色彩上变化，各地略有

图 1-61　侗族、水族的帽和头帕

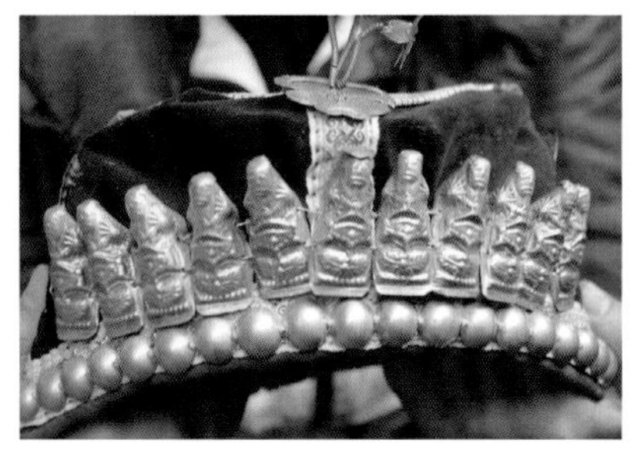

图 1-62　童帽

不同，其穿戴也有区别。盛装围腰的装饰则较多，搭配节日服装。围裙比围腰的围度要大，约超过身体围度的二分之一，有些类似于裙子，因此被称为围裙。一般围裙比围腰的装饰丰富，常在其中镶嵌银片、银花、刺绣纹样等（图 1-63）。

图 1-63　盖宝盛装围裙

（4）腰带：用于束腰的带子。由于早期的服装很多不用纽扣，只在衣襟处缝上几根小带用以系结，这种小带称为衿。为了不使衣服散开，人们又在腰部系上一根大带，这种大带就称为腰带。腰带分为两种：一种实用性较强用于固定围腰或裤裙；另一种是系在衣服外面即束腰又有美化的作用。装饰性强的腰带样式较多，一般采用皮革、织花带、布料、藤篾等制作。若是单色的腰带，其正面会刺绣各种图案和镶嵌各式装饰品，如串珠、彩石、珠宝、海贝、银片等，如藏族女子腰带（图 1-64）、苗族女子腰带（图 1-65）。有些少数民族男子的腰带上还挂有各种随身携带的实用品，如小刀、打火石、烟袋、荷包、绳索、水壶等。

图 1-64　藏族女子腰带

（5）绑腿：腿部的保护物品。在爬坡上山的时候，可以遮挡山路边的荆棘，以提高爬坡的速度；在田地里，可以遮挡农作物的茎叶以及蚂蝗、蚊子、蛇对腿部的伤害，同时也有保暖的作用，是人们长期劳动过程中创造出来的最具实用功能的物品之一。它既是防护用品，也可以作为配饰。其结构简单使用方便。绑腿在结构上可分为两种：一种为长方形，长度一般为 33cm，宽度一般有一个小腿围大小，约为 35cm；另一种是筒状，上大下小长约 35cm，宽度随着腿围的大小而变化，一般比腿围稍微大 2～

图 1-65　苗族女子腰带

3cm，以方便穿脱（图 1-66）。

（6）包袋：最早的包叫做囊，又可称为荷囊，荷者负荷，囊者袋也。意思就是古人用来装零星细物的小袋。包袋虽然是因实用而创造的物品，但随着社会的发展，同样强调其装饰性，与服装搭配形成各具特色的服饰面貌。各民族的包袋品种较多，有香烟袋、荷包、手袋、挎包等品种。前三种包体较小，可装一些实用的小物品（图 1-67）。挎包多为单肩包，各民族挎包包体大小不一，用棉、麻、织锦、皮革、毛皮等材料制作，因地区和物产不同，使用的材料也不同，包面一般用各式花边、珠子、穗子等装饰（图 1-68）。

（7）鞋靴：矮鞋帮的叫鞋，高鞋帮的叫靴，鞋面只有几根条带的叫凉鞋、草鞋。南方少数民族以布鞋、凉鞋、草鞋为主，用棉、麻、谷草为主要材料。鞋面用棉、麻制作，鞋底将十几层粗棉布用糨糊粘在一起，晒干后裁剪用麻线纳缝而成，工艺讲究，结实耐用。男式鞋面一般无图案装饰，女式鞋面大多数有图案装饰。鞋面前端多起翘，鞋翘是中国古鞋最典型的特征之一，鞋面由两片对称的鞋帮构成，鞋帮脚尖处向上翘与多层鞋底的尖端相缝合，鞋面上

图 1-66　贵州侗族女子绑腿

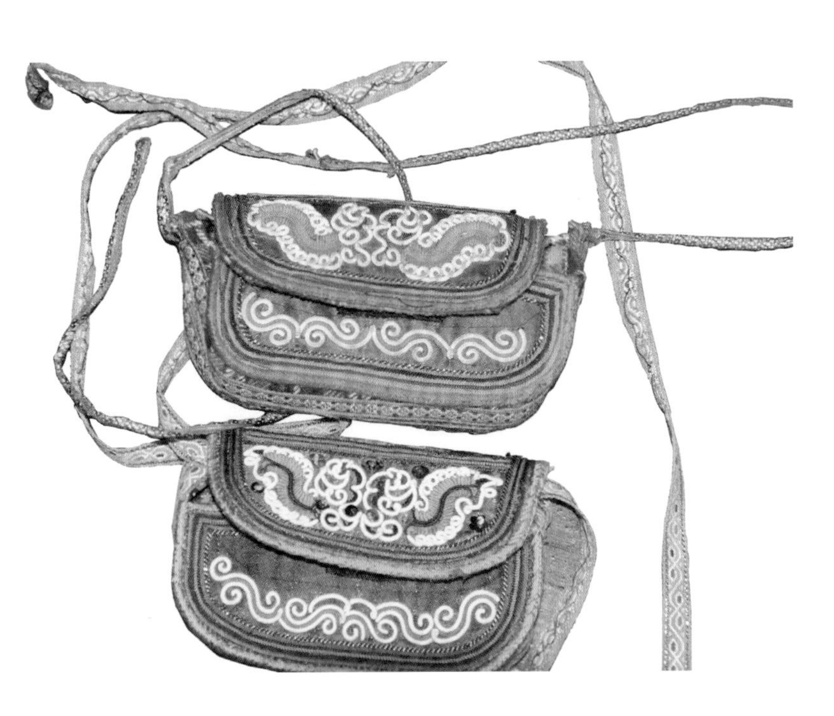

图 1-67　侗族女子用包袋

图 1-68　傈僳族女挎包

常刺绣着各种吉祥纹样（图 1-69）。还有一种比较有特点的是羌族的尖尖鞋，其鞋尖非常尖（图 1-70）。北方地区和高寒地区的少数民族以穿皮鞋、皮靴为主，用动物的皮革或毛皮制作而成，保暖性较强（图 1-71）。草鞋属于凉鞋，一般用山草等编制，用苎麻绳做成。现在年轻人一般喜穿布草鞋，也称布凉鞋。这种布凉鞋主要分布在四川、贵州、广西、湖南等少数民族地区。该鞋以布料手工缝制，造型亦很别致，鞋的后跟有鞋帮，鞋面形式多样，以条带形式为主，鞋面、鞋后跟部位绣有花卉纹样，间以金属片点缀，凸显少数民族刺绣一丝不苟的态度，表现了少数民族多姿多彩的传统文化（图 1-72）。

（8）背扇：用来载负幼儿的襁褓，也称为背带，贵州的少数民族称之为背扇，是少数民族母亲们的必备之物。我国少数民族的传统背扇一般由背扇心、绑带和盖帕三部分组成，材料以棉布、织锦为主。棉布背扇用两层布料做成，结实耐用。其款式可分为 T 型、梯形与长方形。棉布背扇常常刺绣着不同的吉祥纹样以装饰，寄托母亲对孩子健康成长的美好愿望，图案各民族不同而各有特色（图 1-73）。

图 1-69　翘角绣花鞋

图 1-70　羌族尖尖鞋

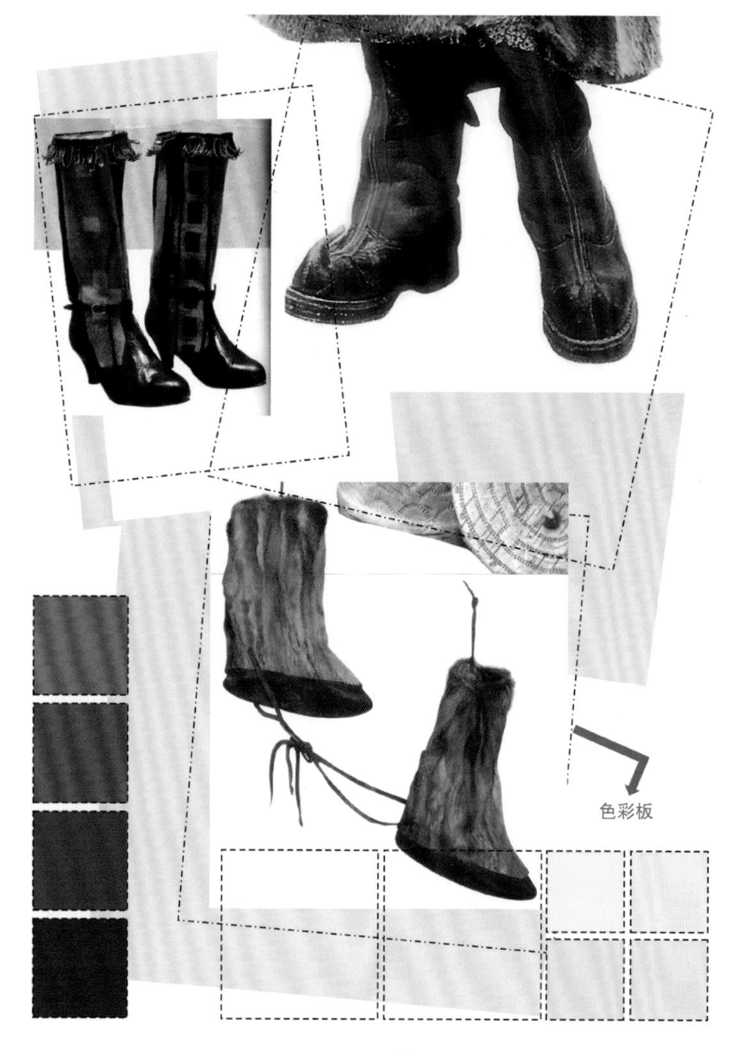

图 1-71　靴

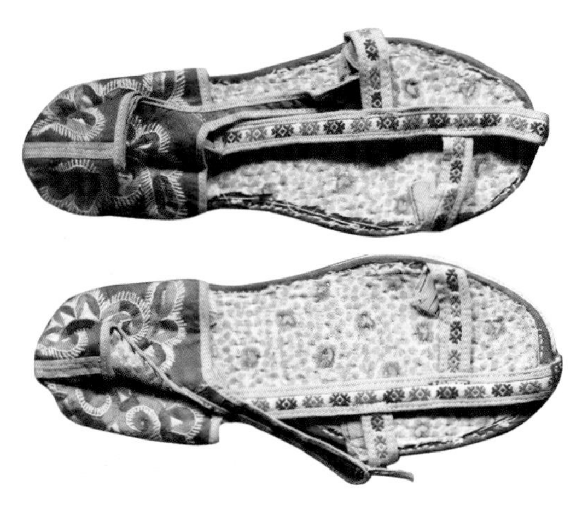

图 1-72　布凉鞋

图 1-73　长方形背扇

（二）民族服饰的色彩特点

色彩在我们的大千世界里无处不在。诗人泰戈尔说过："美丽的东西都是有色彩的。"赤、橙、黄、绿、青、蓝、紫构成了七彩世界，如金色的阳光、蓝色的大海、枯黄的沙漠、绿野无边的草原、斑驳的贝壳、斑斓的鸟羽等，在这些物象的纹理组织和色彩关系中无不蕴藏着有趣且奇妙的装饰价值。

人们对色彩的感觉是一种美感中最大众化、最普遍的视觉形式。生活没有色彩，将苍白、暗淡。色彩各有其语言，它是世界性的，因为它抒发的情感是互通的。然而它又是极其个性的，因为它所表现的象征意义，与不同地区的地域文化有关。服饰中的色彩也体现了它的世界性和个性，因此色彩的象征意义便伴随着人们的生活而存在。一方面通过对自然环境所呈现色彩的魅力来体现其价值，另一方面由于不同民族的生存环境、历史文化的不同，对色彩的感知和认知又有着各自不同的语言。

中国几千年的服饰在色调上受到阴阳五行论的影响，黄色象征神圣、红色象征南方、青色象征东方、白色象征西方、黑色象征北方。民族服饰在整体色彩上喜用蓝、青、紫、黑、白、红、绿等色彩，服饰色彩鲜艳明朗。民族服饰的各种色彩有的体现在衣裙上，有的体现在刺绣、织锦纹样上，因各自居住的地理环境不同而派生变化。民族服饰色彩中，一般男子服饰以白色、紫色或青色为主；女子服饰一般是在青色、黑色、红色、白色的底色上，于衣领、襟边、胸兜、袖口、底边等处配以色彩斑斓的花纹装饰，主要有绿色、黄色、白色、红色等颜色。总体印象，民族服饰色彩纯度高，在单色服装上绣红色、绿色、黄色、蓝色的图案，这与民族传统染料有关，因为传统染料是植物染料或矿物染料，染出来的色彩比较鲜艳。植物染料是将植物中的色素提取出来制作成染料，这是我国传统制作染料的方法。如苏木、茜草、茶树、红花等可以制成红色染料；核桃树皮、棉花壳可以制成褐色染料；紫草可以制成紫色染料；马蓝、菘蓝、靛蓝可以制成蓝色染料；黄栌、黄槐、黄连可以制成黄色染料等。矿物染料也是我国古老的染料之一。矿物中的赭石可以把布染成褐红色；朱砂可以将布染成红色；石黄和黄丹可以染黄色；各种天然铜矿石可以作为黄色、绿色染料等（表 1-1）。

表 1-1　植物染料和矿物染料

类别	形态与名称	色彩	所用民族	地区
植物染料	苏木　茜草　茶树　红花	红色	布依族、壮族、瑶族、黎族、苗族、维吾尔族、哈民族	云南、广西、新疆、海南
	棉花壳　核桃树皮	褐色	维吾尔族	新疆
	紫草	紫色	布依族	云南、新疆
	马蓝　菘蓝　靛蓝	蓝色	布依族、苗族、侗族、壮族、黎族、哈民族	云南、海南、贵州、广西、黑龙江
	黄栌　黄槐　黄莲	黄色	汉族	我国大部分地区
矿物染料	赭石	褐红色	汉族	我国大部分地区
	朱砂	红色	汉族	湖南、贵州、四川
	石黄　黄丹	黄色	汉族	我国大部分地区

用植物制作染料的过程，各民族采用的方法稍有区别，但过程大致相同。图 1-74 ～图 1-78 所示为贵州黄岗侗族用茶树枝制成红色染液的过程。

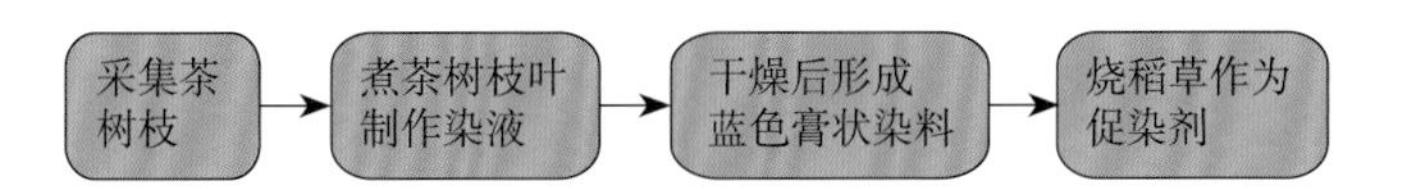

图 1-74　黄岗侗族制作红色染液的过程

图 1-75　采集茶树枝

图 1-76　煮茶树枝叶制作染液

图 1-77　干燥后形成蓝色膏状染料

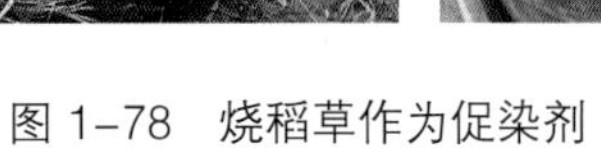

图 1-78　烧稻草作为促染剂

图 1-79　双鱼图案

（三）民族服饰的图案特点

各民族在服饰中用图案的现象比较普遍，无论在服装上还是服饰配件上都少不了图案。图案的内容以动物、植物、人物、几何图形、文字为主，从结构上看有通感联想、固定程式、主观构成等特点。

1. 通感联想

通感指不同事物引起人的不同感觉之间存在的某些共性，运用不同事物在感觉上的共性象征，比喻某些意义。通感联想的基础是运用我国的传统比、兴手法。图案中常用的通感联想包括：谐音联想寓意，例如，用狮代表事，双狮代表事事如意；鱼谐音余，寓意年年有余（图 1-79）。情景通感，如用凤穿牡丹、蝶恋花象征对爱情的追求（图 1-80）。性质通感，如喜上眉梢图案，以喜鹊与梅花结合象征着喜庆（图 1-81）。功能通感，如用石榴、葫芦等多籽果实象征多子多福（图 1-82）。

2. 固定程式

固定程式指一些图案具有某种约定俗成的构成形式，构成图案的形与形组合表达一个固定的意义。例如，莲生贵子、山茶牡丹、二龙戏珠、福禄寿喜等图案既有固定程式，又有象征含义；二龙戏珠（图 1-83）、龙凤呈祥则象征人们吉祥如意。虽然各民族传统的图案不尽相同，且有自身的特点，但都存在一些固定搭配，人们在运用这些图案时，一般不会轻易改变。

3. 主观构成

主观构成指图案的构成超越了自然客观对象的结构、时间空间关系、自然透视关系，而根据主观需要来构成。如露肠的狮子图案（图 1-84）、人头龙身图案等。

图 1-80　蝶恋花图案

图 1-81　喜上眉梢图案

图 1-82　石榴图案

图 1-83　二龙戏珠图案

本章小结

从民族服饰的社会性、民族服饰与生理诉求、民族服饰与民俗、民族服饰的艺术性等方面解读民族服饰文化，重点是通过服饰挖掘民族深层次的文化内涵，针对学生重视设计实践而忽略文化研究的问题，提供了对民族服饰文化研究的基本方法。对学生来讲，其难点是要在较短的时间里进行深入研究，所以建议学生从某一方面入手，探索民族服饰的文化内涵，选择民族服饰要素之一，如对民族服饰的款式、色彩、造型、材料、图案、配件等，通过采访，结合从图书、网络等得来的资讯，对民族文化的某一方面作初步的解读。

图 1-84　露肠的狮子图案

第二章 民族服装构造方法的借鉴与运用

服装的造型是构成服装的要素之一，它与面料、色彩并驾齐驱，成为服装设计的重要因素。对民族服装构造方法的研究、借鉴与运用，可以分别从两个方面寻找突破点：一是服装外轮廓，二是服装内部构造。通过对民族服装廓型、内部构造的研究，从而找到设计切入点，运用解构、元素借鉴的方法，实现设计构思。

第一节　民族服装外轮廓的借鉴与运用

服装的外观造型是服装外轮廓各方位形态的表现。服装的外轮廓即廓型，指服装所呈现的外部造型的剪影，是最先进入视觉的因素之一。在不同的历史时期和不同社会文化中，服装呈现出各种不同的廓型，如古埃及的丘尼克（紧身连衣裙）、古希腊的希顿（连衣裙）和希玛纯（外套）廓型都是最传统的H型。在西方文艺复兴时期，人们不顾人体的生理条件，运用铁制胸衣、布纳式胸衣和拉夫领以及鼓桶状衬箍和西班牙式衬箍，把服装廓型塑造成X型，追求极端的奇特造型和夸张表现。20世纪20年代H型的再现、20世纪40年代A型的流行、20世纪50年代斗篷型的出现、20世纪60年代对酒杯型的推崇及20世纪80年代H型的再流行等，对不同历史阶段服装所呈现的视觉变化的描述，大多是以廓型的变化开始的。由此，从服装进入以流行、品牌文化形象推广的时代以来，每一个品牌、每一季推出的不同的服装都是从服装的廓型开始变化的，外轮廓的变迁与时代脉搏紧紧相连。

对民族服装廓型的借鉴与运用，应首先从收集整理资料开始。

一、廓型的启发

我国民族服装的款式多样，其外轮廓所呈现出的长、短、松、紧、曲、直等造型丰富多彩。服装形态分披裹式、贯头式、长袍式、上衣下裙式、上衣下裤式和连衣裙式，但其服装配搭形式多种多样，例如，多层衣、多层裙叠加穿着；上衣、下裙配围裙；长袍、长裤与裙叠穿等。其外轮廓形式多样，有单一的几何形外轮廓，也有多个几何形的组合形成的外轮廓，如南裙北袍、大氅披毡、长衫短袄、窄袖宽裤、包头戴帽、跣足穿靴等，廓型林林总总，纷繁复杂。从某种意义上看，每一种廓型都有其独特的造型倾向和性格特征。

（一）袍衫

我国北方的维吾尔族、塔吉克族、哈萨克族、乌孜别克族、赫哲族、鄂温克族、柯尔克孜族、藏族、撒拉族、达斡尔族、回族、朝鲜族、满族、蒙古族、鄂伦春族、土族、裕固族、锡伯族等的男女长袍长衫，南方的傈僳族、羌族、毛南族、纳西族、哈尼族、黎族、高山族、拉祜族、纳西族、怒族、京族等的男女长衫，其外轮廓造型相似，均为长至膝盖以下，或宽袖或窄袖，下摆大小不一。因此，我们可以首先从对我国民族服装中的袍衫廓型的收集开始，发现能转化为当下服装设计有用的素材，认真做好资料收集工作，为后续的研究做准备。收集整理过程不要忽视每一个小细节，它们都有可能促成一个好的设计（图2-1、图2-2）。

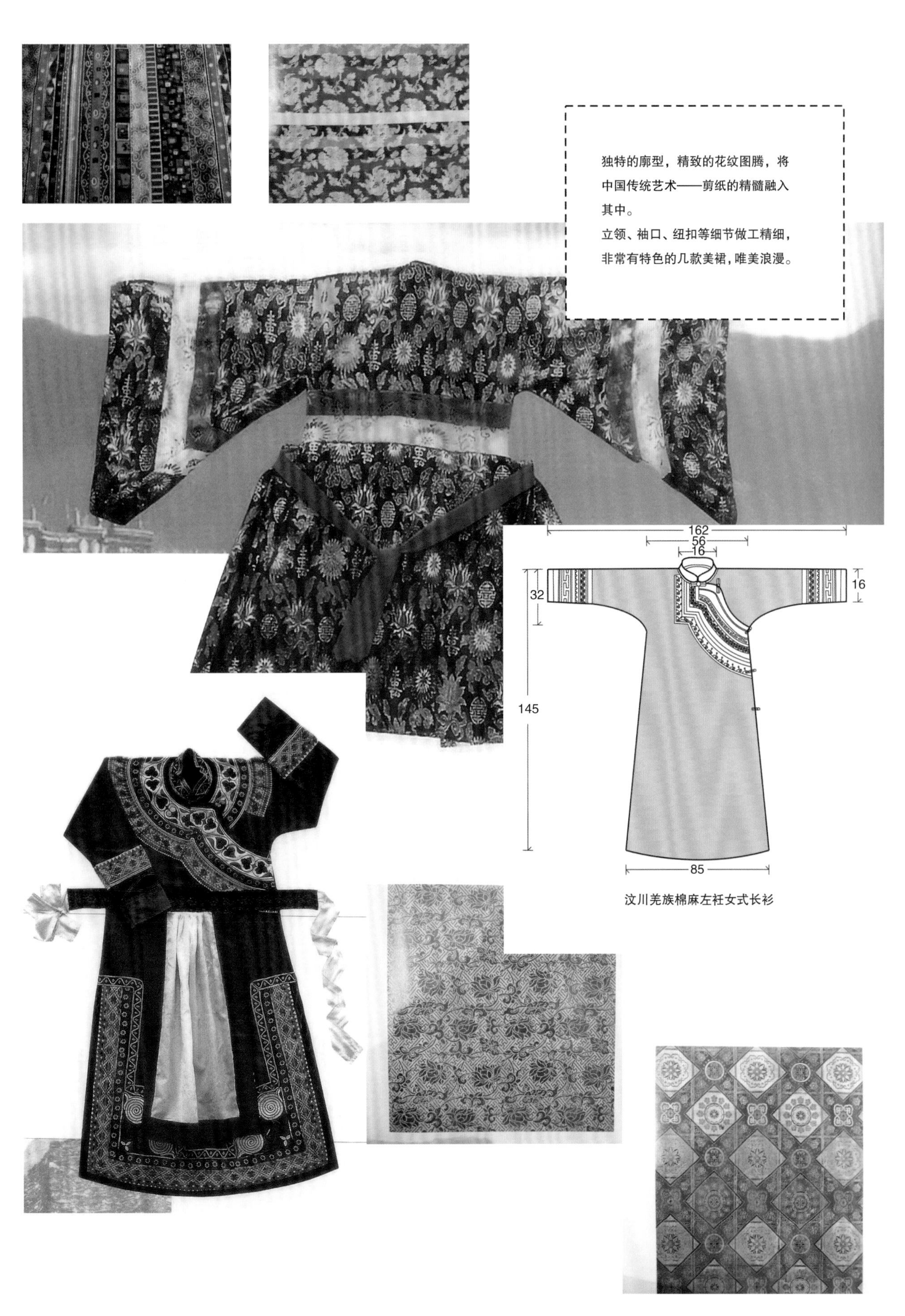
独特的廓型，精致的花纹图腾，将中国传统艺术——剪纸的精髓融入其中。
立领、袖口、纽扣等细节做工精细，非常有特色的几款美裙，唯美浪漫。
162
56
16
32
16
145
85
汶川羌族棉麻左衽女式长衫

图2-1　袍衫收集一（赵茜）

彝族
YI NATIONALITY
朝鲜族
KOREAN
简约的基础服饰
用各种图案
来丰富形象，
别致的交叉拼接、
多层穿着方式
带着不同民族的
着装风格、气息。

图 2-2　袍衫收集二（赵茜）

（二）上衣

我国各民族服装中上衣的廓型变化最多，都有着自己的服装个性特征，有宽衣窄袖、宽衣宽袖，袖子、衣身有长有短，衣身有矩形、A 型，总之外形多样。服装造型设计的基础是人体，造型设计是通过人体的主要支撑部位变化的，具体就是指肩、胸、腰、臀、下摆等部位。同样，在收集整理民族服装上衣资料的时候，也可以把着眼点放在这几个部位，去发现能启发我们设计的细节。有的廓型变化在腰部，有的廓型变化在下摆（图 2-3、图 2-4）。

饱览过浪漫不羁、自由随性的波西米亚风单品，这一次来看看我国各民族的上装单品。精致的刺绣，工艺复杂的手工印染，充满异域风情的印花，总是能激发人们远行的欲望，想去看看那模糊于衣着上的古朴风情。民族元素与都市时尚元素巧妙结合，是今季流行的新时尚主题。

图 2–3　上衣收集一（赵茜）

图 2-4　上衣收集二（赵茜）

（三）裤、裙

我国各民族服装中裤、裙的外轮廓形式比较丰富。裤型有宽腰裤、宽裆裤、低裆裤、小脚口裤、宽脚口裤、短裤、长裤等，裙型有筒裙、裹裙、A 型裙、花蕾形裙、收腰连衣裙、高腰连衣裙、多层矩形裙、多层 A 型裙等，形式多样，以腰、臀、下摆、裙长为变化的重点。对民族服装裤、裙的收集整理，可以把着眼点放在研究裤、裙的独特结构上，如有的裤、裙穿着舒适，但腰部的处理不合理，这就需要利用新的服装结构方式进行改造。对裤、裙收集整理应注意的重点是细心观察，然后将收集的资料组合在一起（图 2-5、图 2-6）。

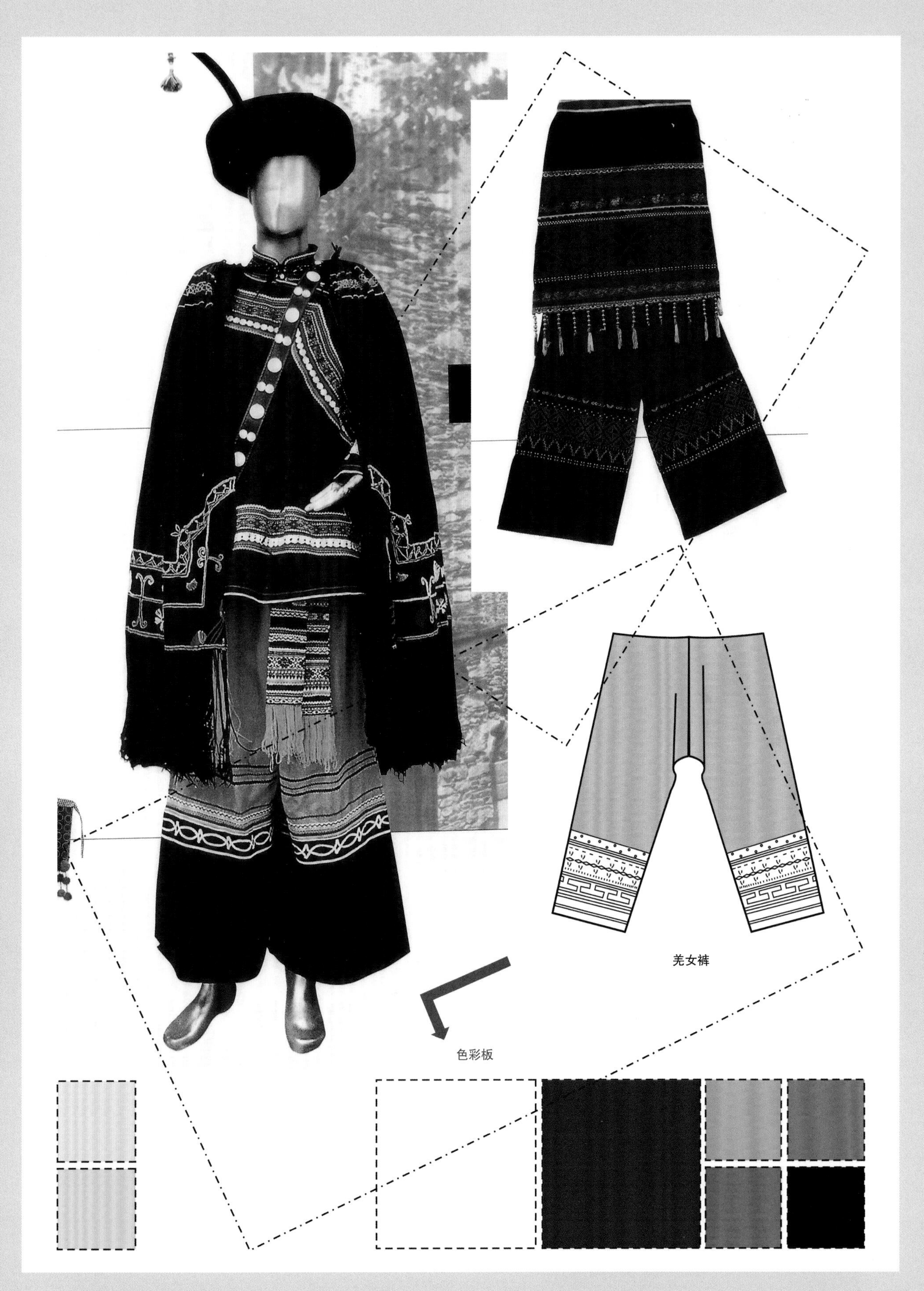

图 2-5　裤型收集（赵茜）

图 2-6　裙型收集（赵茜）

二、转换运用

民族服装是一门独特的艺术，是穿着于身体且具有生命动感的艺术。进入信息时代，日新月异的时尚潮流与千年传承的传统文化交相辉映，传统服装与流行时尚激烈碰撞后，人们对传统服装有了新的理解，对服装的需求也更多元化。将传统融入当下的服装设计，是一个流行轮回的必然规律。对民族服装廓型的借鉴与运用，并不是原封不动地猎奇和照搬，而是要把握民族传统服装造型艺术的设计美的各要素及其相互关系，结合现代设计手法进行设计。

具体讲，我们可以从以下两个方面来思考。

（一）民族服装外轮廓直接借用

直接借用，就是将某个民族服装的外轮廓形式直接应用到现代服装设计中，我们不仅仅着眼于传统服饰文化具象的符号形式，而且更注重表现和追求传统文化特有的意境，这种意境常常是通过服装造型语言来达到。

直接借用的方法通常运用于古典风格特殊场合使用的服装设计中，如戏剧装、影视服装、动漫人物服装、节日装、正装等。廓型基本沿袭传统样式，可以在面料、细节、装饰处理上有变化，适应这个时代人们的审美需求。

如图2-7、图2-8所示，女装借鉴我国民族服装中常用的连袖衣衫廓型设计，将领部减化处理，用传统提花织锦面料制作，服装风格庄重，可作为较正式场合的服装；或者采用纯棉面料，设计出实用朴素的日常服装（图2-9）。

图2-7　廓型借鉴运用一

图2-8　廓型借鉴运用二

图2-9　传统服装廓型的运用

（二）民族服装外轮廓打散组合运用

打散组合指将民族服装的外轮廓进行重构，可以将两个或多个廓型进行组合，设计出变化丰富的服装廓型（图 2-10、图 2-11）。

图 2-10　波西米亚风格服装廓型借鉴

图 2-11　印第安传统服装廓型的运用

服装的廓型与着装的人体以及人体的运动关系密切。服装的廓型设计包括两方面内容：一是服装的内空间，它是服装与人体之间的空隙，是服装穿着舒适感的尺度。当然，现代社会科技的发展，新研发出了很多种类的具有伸缩性的服装面料，对这类材料进行服装设计，可以不考虑服装的内空间。而在进行非伸缩性面料的服装设计时，服装造型则要满足人体的运动，要考虑服装与人体的空间。二是服装的廓型体现了服装对外空间的占有，是服装的外空间，给人带来的是视觉感受。服装的内、外空间不能切割分开，内空间的变化也能引起视觉的变化。

在进行服装廓型设计时，需要考虑服装的类型、风格、穿用的人群等要求，不要只天马行空地发挥想象，而忽略了服装的基本要求。在设计前，建议做一些廓型概括训练，步骤如图 2-12 所示。

用几何形组合出各式服装的廓型，对后期的设计有所帮助，如图 2-13 所示。

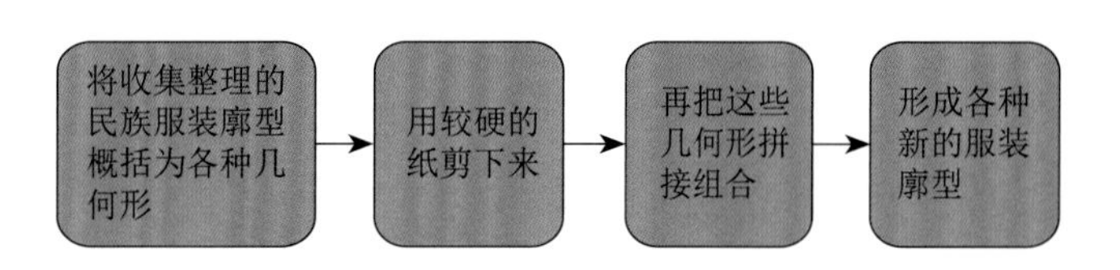

图 2-12　廓型概括训练步骤图

图 2-13　廓型练习

三、案例分析

以下分析两个案例，这是民族服饰语言的时尚转换课的作业。相关作业内容和要求如下：

作业一

（1）作业内容：完成一份资料收集。

（2）作业要求：收集汇总灵感来源资料、基础材料。表现方式不限，可以手绘、打印图、贴图等，需辅以文字进行补充说明。

作业二

（1）作业内容：完成一个设计方案。

（2）作业要求：借鉴民族服装廓型，用自己的设计语言，设计一套服装，并用彩色服装效果图来表现，效果图风格不限。

案例一

图 2-14 所示为对民族服装造型的收集图。图中资料是设计的灵感来源，作者用手绘的服装造型图、照片、文字拼接完成，构图形式采用重叠、错位的手法，构图完整，有用的资料都罗列呈现出来。

图 2-15 所示为设计效果图。可以看出这两套服装上装的廓型受民族服装廓型的影响，学生融入了自己的想法，通过色彩艳丽的领子、锥型裤、短裤的组合，表达出设计者对民族风格的自我理解和认识。

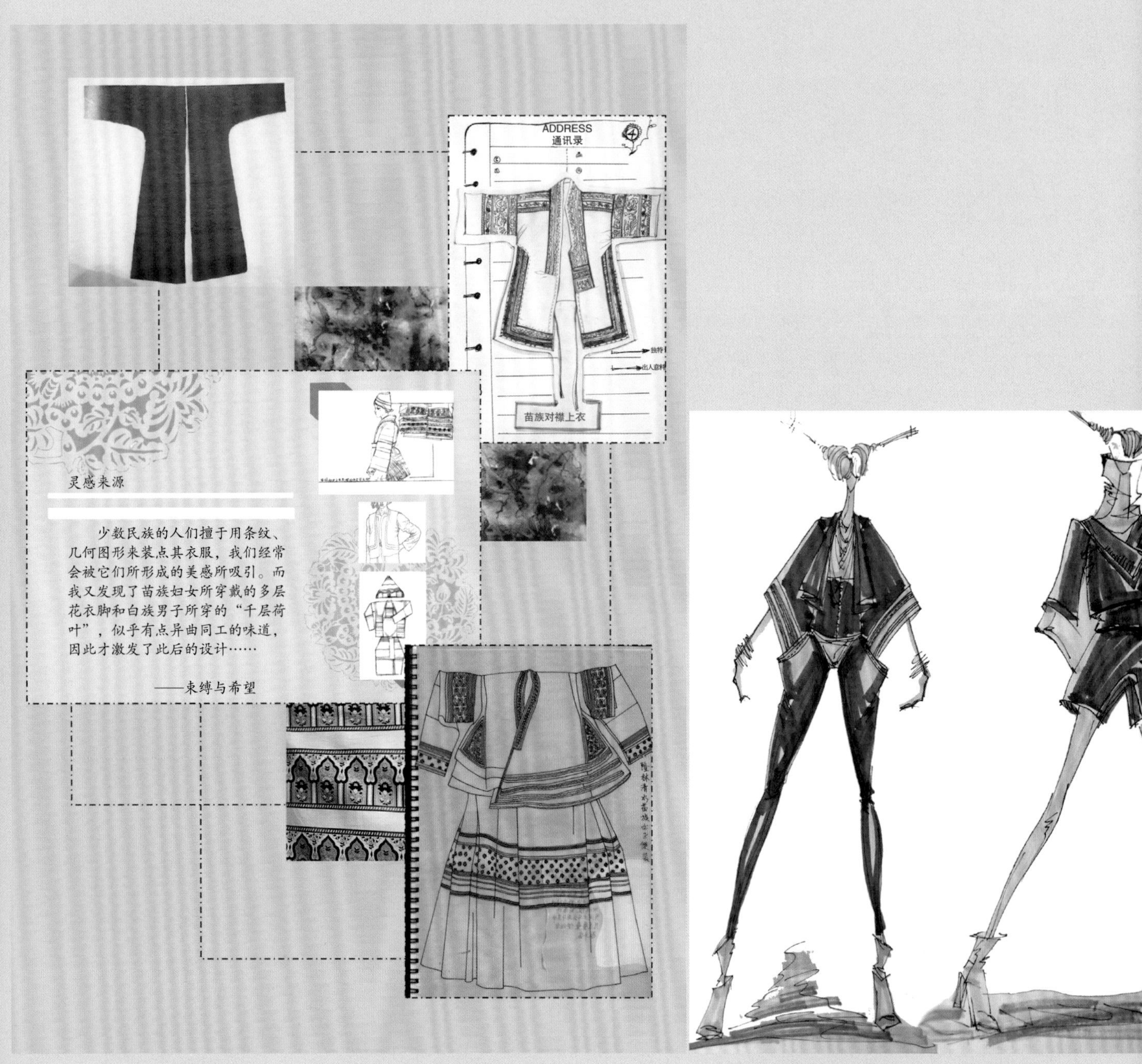

ADDRESS
通讯录
苗族对襟上衣
灵感来源
少数民族的人们擅于用条纹、几何图形来装点其衣服，我们经常会被它们所形成的美感所吸引。而我又发现了苗族妇女所穿戴的多层花衣脚和白族男子所穿的“千层荷叶”，似乎有点异曲同工的味道，因此才激发了此后的设计……
——束缚与希望

图 2-14　素材收集作业一（赵茜）

图 2-15　借鉴廓型的设计效果图（丁蕾）

案例二

图 2-16 所示为元素采集图。可以看出作者对民族服装廓型的收集并转化为设计的思路。此图重点是对服装廓型的收集，面料、图案作为构图需要适当添加。要知道，营造一份元素采集图也是一个创造性的劳动，它对我们后续的设计风格、细节、装饰手法的运用等有所启发。

图 2-17 所示为设计效果图。这套服装的外轮廓借鉴了民族服装廓型，在细节上寻找个性化语言，肩、臀、袖口、下摆处采用发光面料做成立体效果的带状，整体服装风格简洁，体现了民族风格与科技风格的组合。

图 2-16　素材收集作业二（赵茜）

图 2-17　受廓型启发的设计效果图（尹立）

第二节　民族服装内部构造方法的借鉴与运用

不论何种廓型的服装，其内部构造既可以非常丰富，也可以非常简洁；服装的内部构造既与服装的功能性有关，也与服装的审美性有关。民族服装内部构造常见的方法有对称、均衡、对比、比例、重复、层次、分割线、包裹、折褶、服装零部件装饰等（图 2-18）。

一、民族服装的构造方法

（一）对称

对称是民族传统服装使用较多的形式之一，主要指各种形式、图案以一中线将两边的形式对应。对称的形式通常有左右对称、旋转对称、局部对称等几种形式。

1. 左右对称

人体的自然结构基本上是左右对称，服装大多也是左右对称造型。传统服装有很多都是采用左右对称的形式，民族服装中对称的形式也较多，衣服的对襟结构、裤装都是对称的具体表现。

2. 旋转对称

旋转对称，是某个图形以一个点为中心进行旋转，形成相对于这个中心点的多个对称的图形，如此可使原本拘谨、呆板的格局显得生动。这种对称一般是通过服装的纹样变化来实现。

3. 局部对称

局部对称指通过服装中某一部位的结构或者面料图案来实现对称，保持服装整体均衡，协调统一服装的整体性。

（二）均衡

在服装造型中，均衡主要指将上下、左右的结构、图案或面料合理安排，从而取得量感和视觉上的平衡，而在外观形象上并不要求对称，所以其形式感更加灵活多变，层次感更强。民族服装的造型、色彩、面料的组合，图案的搭配以及各种配饰如包袋、围腰、鞋、绑腿、头饰等都可以作为均衡的手法以平衡服装的整体性和层次感。如民族服装中的斜襟看上去不对称，但具有均衡的效果。

（三）对比

对比，就是变化，将两种事物进行比较，从而取得一定的效果。对比与统一是同一事物的两个方面，如

图 2-18　民族服装的构造

果缺少统一而强调对比，会显得杂乱无章；如果缺乏变化，又会感觉枯燥乏味。民族服装中的对比手法主要包括色彩对比、结构对比。

民族传统服装的色彩以高纯度的对比色彩关系为主，在单色服装上绣红、绿、黄、蓝色图案，服饰色彩鲜艳明朗，这与民族传统染料有关。传统染料是植物染料或矿物染料，其着色效果鲜艳。民族服装在整体色彩上喜用蓝、青、紫、黑、白、红、绿等色，且善于将不同的色彩灵活组合搭配，具有独到的艺术特性。不同的色彩喜好是各少数民族传统服装的风格所在，蕴含深厚、复杂的民族心理和文化内涵。

结构即形式，是服装内部构造的各种要素构成，服装的结构对比也是传统服装中的一个特色，如单层与多层的对比、水平线与垂直线的对比、宽松与贴体的对比等，是各民族为适应自然环境、利用自然、美化自身形成的一整套服饰美法则。

（四）比例

比例指整体与局部、局部与局部之间，在大小、长短、面积上所产生的关系。在民族服装的上衣下裳、上衣下裙、袍衫、多层衣、多层裙、围腰配衣服等中，往往存在较为明显的长短比例关系，长短错落有致。恰当的比例关系，不仅是服装审美的需要，而且也是功能的需要，能起到均衡协调的作用。

（五）重复

重复指同一种元素反复排列或者交替出现的效果，它的特征是形象的连续性、统一性。在民族服装中，重复手法运用得很多，如图案的重复排列，装饰物的重复排列，结构、面料肌理上的重复组合等，这些都是重复构成的手法，呈现出强烈的视觉效果。

（六）层次

层次指在结构方面的等级秩序，具有多样性，美学范围内的层次可按数量、运动空间尺度标准划分。不同层次具有不同的特征，既有共同的规律，又各有特殊规律。服装的层次指在服装内部结构与外轮廓构造两方面的等级秩序。一般而言，民族服装的层次感，多体现在服装中个别部位的多层结构和整体服饰的多层次结构上。

层次与重复不同，重复是相似或相同的形式在一个平面上的重复排列；而层次是用相似或相同的形式在二维方向上递进式的重叠与组合，有明显的节奏感、韵律感和内、外层次感。在民族服装中，内、外两层甚至三四层的组合关系较多，有露出各层下摆的多层裙、多层衣打扮；也有裤子外面穿裙子、裙子外面围围腰、围腰外面再加一层短围裙的打扮，层次丰富。

（七）分割线

服装中的分割线，包括结构性的分割线和装饰性的分割线。服装的外轮廓、立体效果的塑造是由结构性的分割线决定。装饰性的分割线对服装的外轮廓和结构没有多大的影响，其主要目的是为改变服装的装饰线条、面料切换、色块拼接等。民族服装中分割线的使用非常普遍，其中装饰分割线的运用目的在于添加花边、切换不同色彩的面料、镶嵌图案等。

（八）包裹

包裹即缠裹，用布料围绕身体自由缠裹而形成的一种效果。其特点是自由、随意、简洁。民族服装，尤其是南方的一些民族服装，其包裹的部位主要是在头部、腰部和腿部。头部一般是以头帕的包裹为主；腰部包括围裙、腰带和飘带，是包裹的形式；腿部的绑腿也是包裹的形式。

（九）折褶

折褶是服装中最常见的构造方法，折褶的手法也各有不同，可分为抽碎褶和规整的折皱。在民族服装中两种形式都存在，多运用在裙子与披风上。如彝族的披风有大折和小折之分。苗族、瑶族、侗族、彝族的多褶裙都是碎褶，有的是先在面料上绣图案或染色、染花，处理好后再进行抽褶处理，形成丰富的色彩肌理效果。

（十）服装零部件装饰

服装零部件指服装的领、袖、口袋、袖头等。民族服装领子的样式不多，以立领、V 字领、圆口领为主。袖头的特点比较明显，其装饰的花边较多。口袋以贴袋和挖袋为主，贴袋的袋口或挖袋的袋口边沿常配以装饰花边。

二、重组运用

将民族服装的构造方法运用到现代服装的设计中，就是将民族服装中的构造方法与设计师的独特设计语言相结合，形成具有时代感又蕴含远古精神的服装，唤起人们对过往年代美的怀念。将民族服装中的组合方式进行重新组合分配，形成新的、有意味的、更具时尚感的设计（图 2-19 ～图 2-26）。

重组的步骤和重点：

（1）前期：有目的地收集民族服装内部构造资料，将收集的资料汇总、梳理、取舍，完成一份相对完

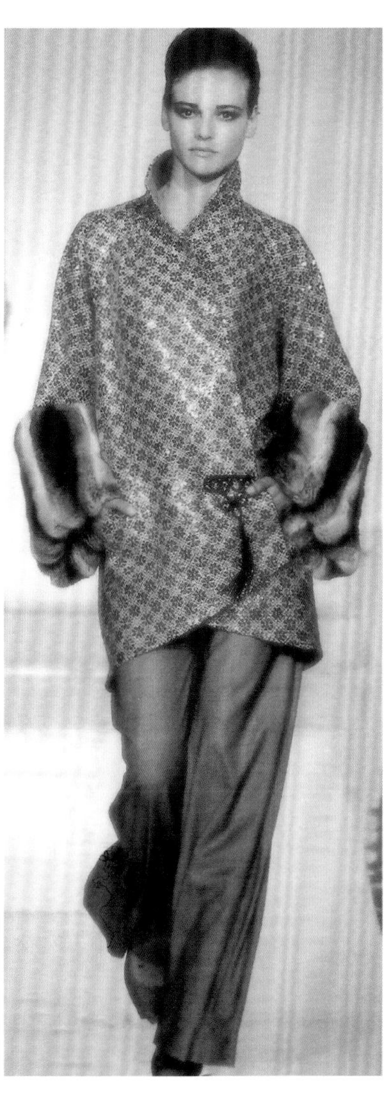

图 2-19　中国传统服装构造方法借鉴一

图 2-20　中国传统服装构造方法借鉴二

图 2-21　中国传统服装领型、袖型的借鉴一

图 2-22　中国传统服装领型、袖型的借鉴二

图 2-23　中国传统服装袖型的借鉴

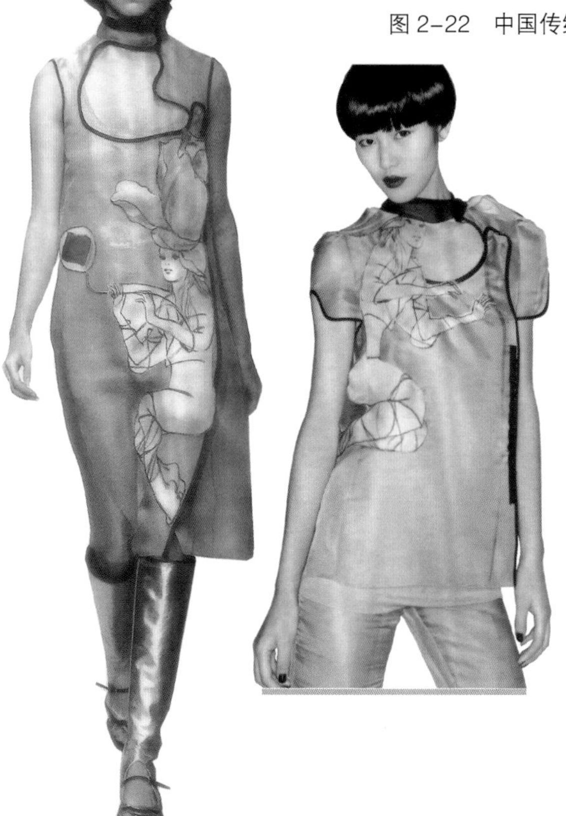

图 2-24　旗袍造型的转化运用

图 2-25　印度传统服装构造方法的借鉴

图 2-26　波西米亚风格长裙

整的资料收集图（图 2-27、图 2-28）。

（2）中期：根据自己的设计理念，进行风格定位，找到切入点，绘制草图。

（3）后期：确定最终方案，绘制效果图。

三、案例分析

以下分析两个案例，这是民族服装语言的时尚转换课的作业，反映学生的设计思路，即：民族服装元素收集汇总→设计方案。相关作业内容和要求如下：

作业一

（1）作业内容：完成一份民族服装内部构造方法的收集图。

（2）作业要求：收集汇总民族服装内部构造素材、基础材料，可以手绘、打印图、贴图等，需辅以文字进行补充说明。

作业二

（1）作业内容：完成一个设计方案。

（2）设计要求：借鉴民族服装内部构造方法，用自己的设计语言设计一系列服装，并用彩色服装效果图来表现，效果图风格不限。

复杂的手工印染工艺，
充满异域风情的印花，
总是能激发人们远行的欲望。
从各地民族服装中
汲取灵感，它独特的构
造方法最吸引我。

图 2-27　款式的收集作业一（赵茜）

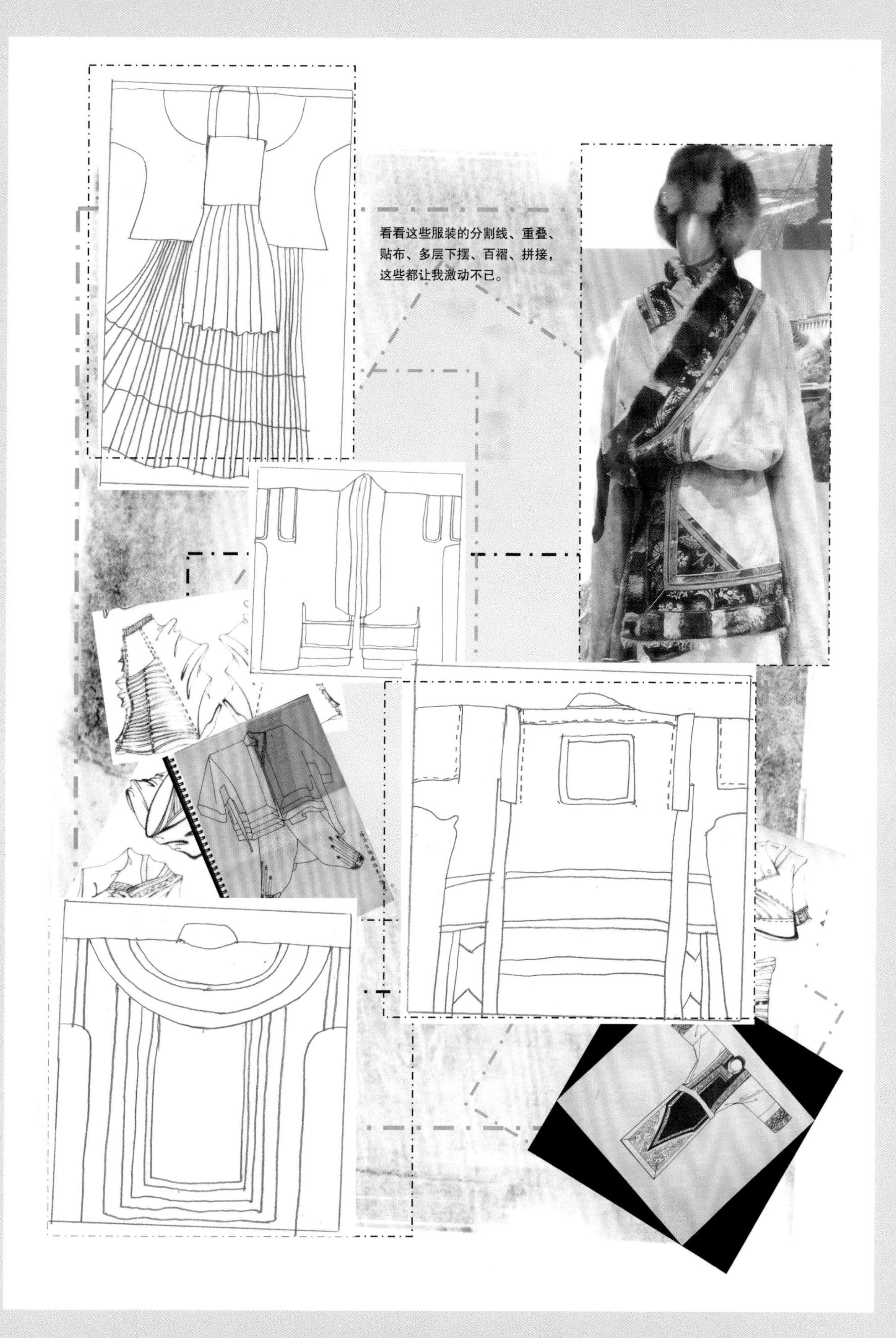

看看这些服装的分割线、重叠、
贴布、多层下摆、百褶、拼接，
这些都让我激动不已。

图 2-28　款式的收集作业二（赵茜）

案例一

图 2-29 所示为灵感来源收集图，是对民族服装的百褶裙构成方式的收集整理。该作者对侗族衣裙的百褶结构颇感兴趣，并引发了他的设计灵感，将其与服装廓型、服装分割线、面料拼接、省道等构造方法结合，完成了一份素材收集作业，即后续设计的基础。

图 2-30 所示为设计效果图。该设计吸收了民族服装百褶结构的特点，结合现代合体服装的设计手法，完美地将均衡、对称、对比等构造方法组合运用。

图 2-29　素材收集作业三（奚源）

案例二

图 2-31 所示为灵感来源收集图。该作者在进行民族地区采风时，发现贵州苗族百褶裙平铺在地上正好呈一正圆，抓住这个特点，进行收集整理，将照片、线描图和色块组合形成一份完整的灵感来源收集图。

图 2-32 所示为设计效果图。该设计将褶、波纹、条状、多层结构与平面面料组合，追求材料的对比美；对肩、腰、臀进行夸张设计，形成独特的廓型；在局部应用图案，丰富服装的视觉效果，设计出一系列具有个性语言的带复古韵味的服装。

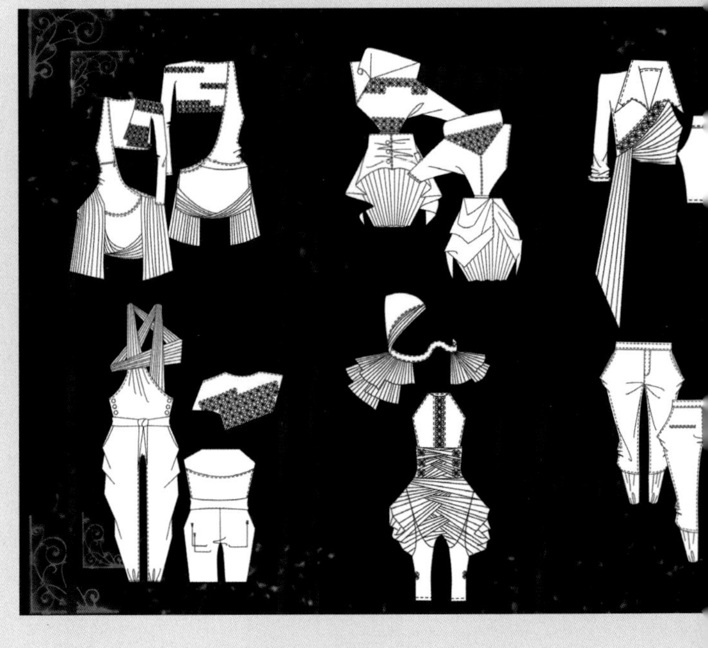

图 2-30　《褶》设计效果图一（奚源）

本章小结

主要阐述民族服装语言的廓型、内部构造的时尚转换方法，通过对民族服装廓型、内部构造进行解构、元素借鉴方法运用的讲解，使学生对民族服装语言的转换运用有较为清晰的了解。

重点是启发学生如何利用民族服装外轮廓与内部结构这一资源，如款式、装饰线、零部件、局部结构等，以激发其创作灵感，并与现代设计手法相结合，采用多种构造方法进行创新的尝试，寻找自己的个性化设计语言。

难点是在服装设计的过程中如何寻找个性化语言，无论是成衣设计还是单件服装设计，个性化语言是很重要的。在设计实践过程中不照搬传统、不盲从他者，真实地表达自己的想法，才会形成自我风格，拥有自己的设计作品。

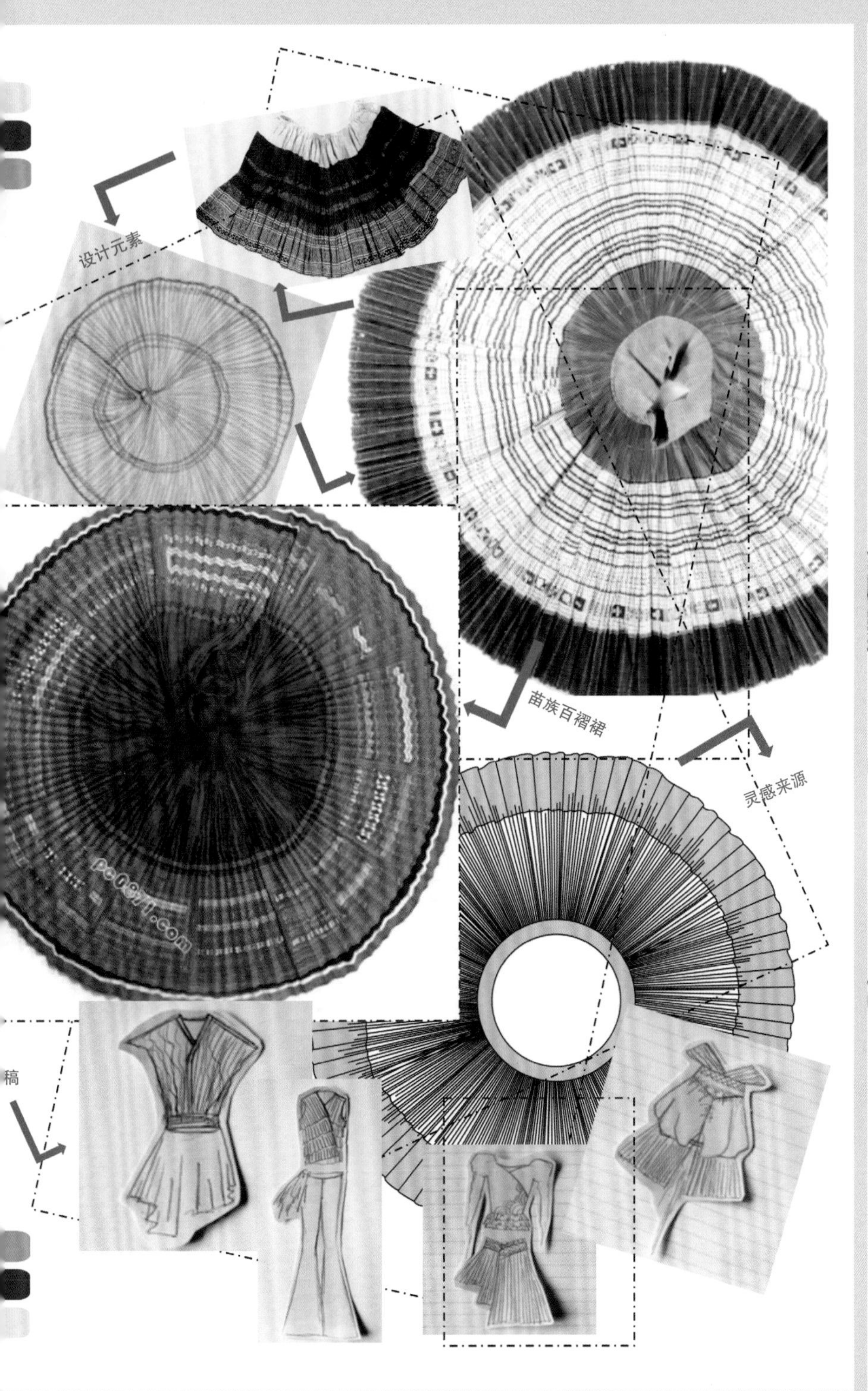

图 2-31　素材收集作业四（赵茜）

图 2-32　《褶韵》设计效果图二（马珂）

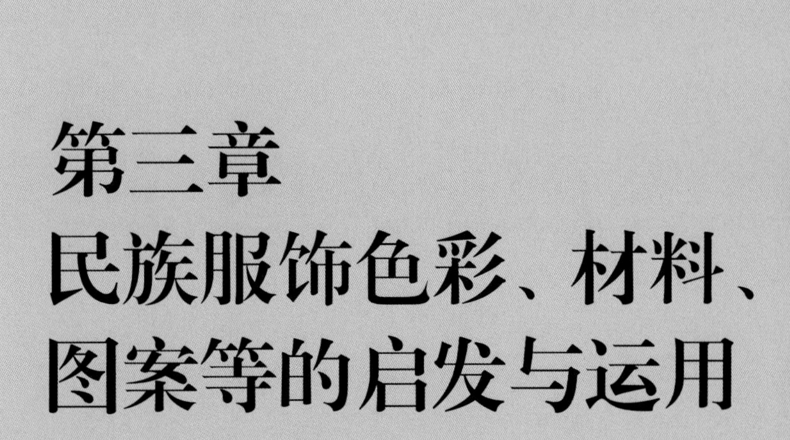

第三章
民族服饰色彩、材料、图案等的启发与运用

民族服饰的色彩、材料、图案、工艺、配饰比较丰富，每个民族各具特色，它积累了不同时期该民族的文化和服饰制作经验，是不可遗弃的文化资产。国内外服装设计师在对世界各民族传统服饰的时尚转换设计方面运用得最多的也是这几个要素。如何理解和运用民族服饰的文化价值，对民族服饰的收集、整理、研究、运用，就是我们这个课题的主要内容。对民族服饰的研究，目的在于运用设计与创意，将区域性文化元素展现，通过新的思考，将传统文化资产里的元素转换到现代生活中，进而实现传统文化、地域文化与时尚结合的研究和实践。

第一节　发现独特的色彩关系

民族服饰在整体色彩上喜用蓝、青、紫、黑、白、红、绿等色彩，服饰色彩鲜艳明朗，色彩纯度高，大多是在单色服装上绣红、绿、黄、蓝色图案，这种色彩关系充满生命活力、视觉冲击力强。民族服饰色彩给我们带来的启发，多指对民族服饰高纯度对比色彩关系、高纯度邻近色彩关系、高纯度互补色彩关系的运用，设计师可以根据自己的风格需要利用这种色彩关系，达到设计目的。

一、民族服饰的色彩组合

民族服饰的色彩组合有几种形式，包括：无彩色与有彩色的组合、对比色与互补色的组合、同类色与邻近色的组合等。由于其色彩的纯度高，所以色彩效果比较强烈。

（一）无彩色与有彩色的组合

无彩色与有彩色的组合指在黑色、白色、灰色上配包括基本色相在内的各纯色系，以及各色所衍生出来的多种色彩。黑色、白色、灰色的单纯与彩色的浓艳相匹配，达成调和的效果，相得益彰。由于无彩色秉性中立、不偏向任何色彩的特征，它能起到缓和色彩间冲突的作用。如在黑底的面料上绣红色系列的图案，黑色缓和了红色的冲击力（图 3-1）。

（二）对比色与互补色的组合

对比色与互补色的组合，在视觉上形成激烈碰撞，其中互补色视觉冲击力最强。要调和通常有两种方式：一是在两个对比色中添加第三色，调节色彩冲撞，构成既生动强烈又融合协调；二是改变相邻位置和面积比，利用面积的大小、相距的远近变异配合，形成其中一色成为主导色，其他色处于从属地位，达到调和的效果。如朝鲜族女装的用色，绿色面积大，红色面积小，黄色、蓝色面积更小，以绿色为主色调（图 3-2）。

（三）同类色与邻近色的组合

同类色与邻近色的组合，这种色彩组合最易调和，不论是两色或者多色的搭配，总给人以统一的效果（图 3-3）。

二、民族服饰色彩的借鉴与运用

民族服饰强烈的色彩关系和用色方法，可以给我们带来一些启发。在借鉴运用民族服饰色彩关系的时候，也同样要把色彩的一些知识结合起来，即色彩的情感与象征。因为色彩带给人的心理意象或心理功能在服装设计中显得非常重要，对服装设计有直接的影响。

在进行色彩设计时，要注意两方面的问题：

（1）色彩的性格：民族服饰高纯度色彩组合传达的色彩性格应该与具体的设计风格一致，可以在主色、配色上进行考虑，突显不同色彩的色彩性格，达到设计的要求。

（2）色彩与面料的关系：由于纤维性能与织物组织结构不同，对光的吸收和反射也不同，所反映出来的色彩感觉更不相同，同一色相的不同面料给人带来的感觉不一样，所以也必须结合设计风格来进行色彩的

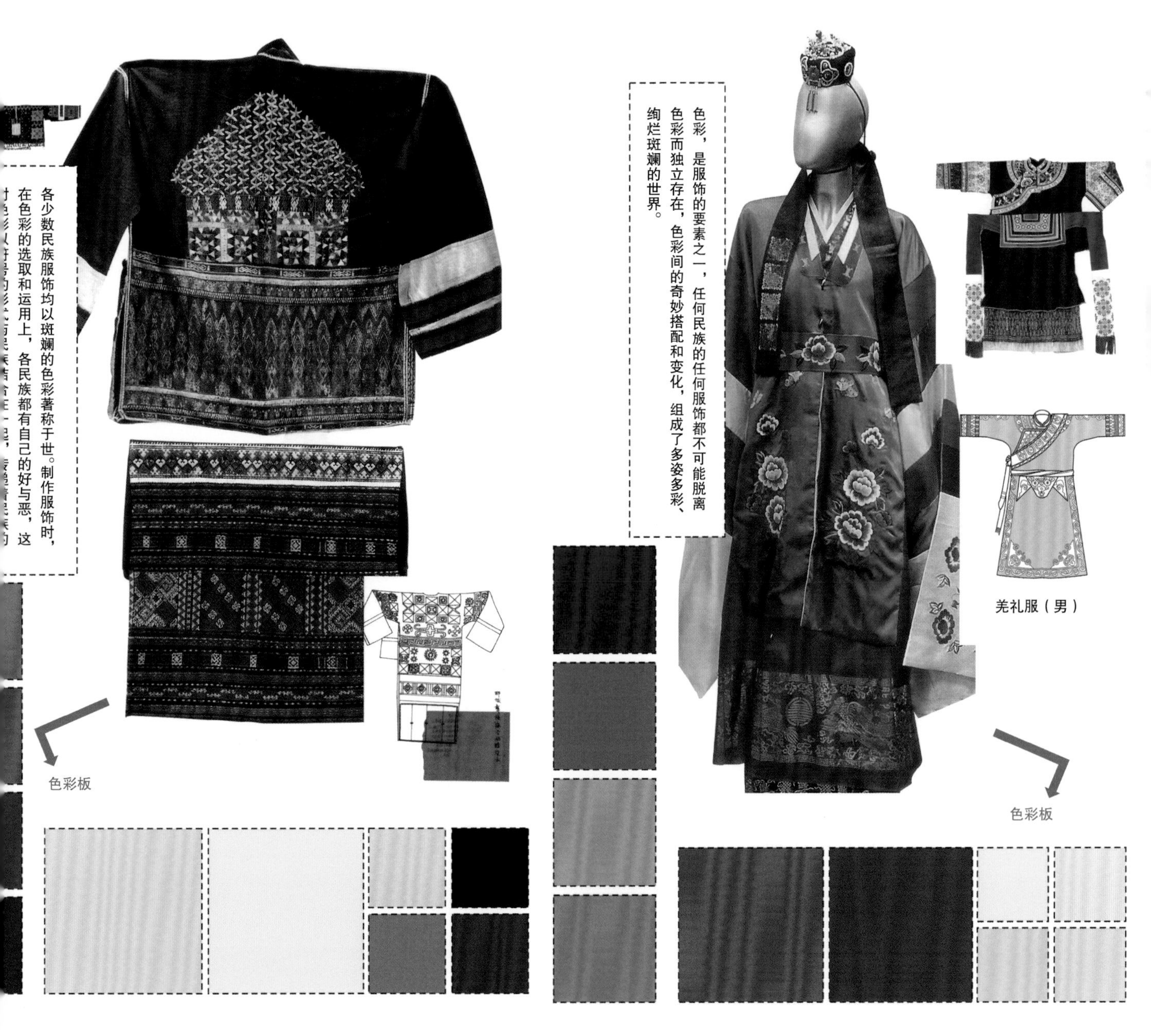

各少数民族服饰均以斑斓的色彩著称于世。制作服饰时，在色彩的选取和运用上，各民族都有自己的好与恶，这
色彩板
色彩，是服饰的要素之一，任何民族的任何服饰都不可能脱离色彩而独立存在，色彩间的奇妙搭配和变化，组成了多姿多彩、绚烂斑斓的世界。
羌礼服（男）
色彩板

图 3-1　无彩色与有彩色组合（赵茜）

图 3-2　对比色与互补色的组合（赵茜）

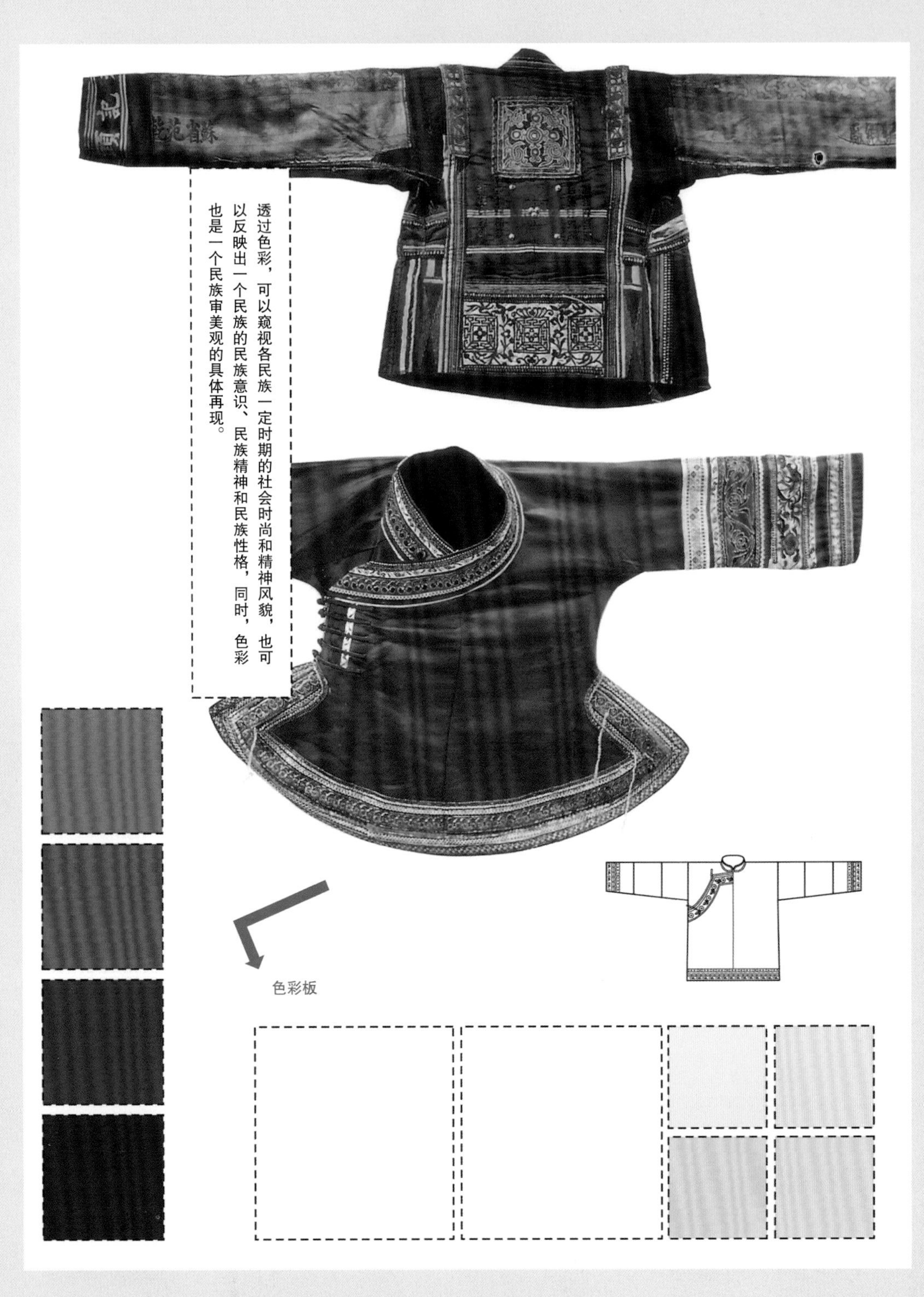

透过色彩，可以窥视各民族一定时期的社会时尚和精神风貌，也可以反映出一个民族的民族意识、民族精神和民族性格，同时，色彩也是一个民族审美观的具体再现。
色彩板

图 3-3　同类色与邻近色的组合（赵茜）

图 3-4　对比色的运

搭配组合，如图 3-4、图 3-5 所示即为利用红色与绿色的对比关系设计的夏装，服装色彩浓烈，仿佛烈日一样热情；图 3-6 所示为运用红绿、黄紫互补色设计的毛皮冬衣；图 3-7、图 3-8 所示为借鉴民族服饰传统对比色彩关系设计的夏装。

图 3-5　互补色的运用

图 3-6　互补色彩关系的运用

图 3-7　对比色彩关系的借鉴

图 3-8　传统色彩的运用

三、案例分析

以下分析三个案例，这是民族服饰语言的时尚转换课的色彩运用训练作业，这个作业的要求与前面同样课程的作业要求有所不同。相关作业内容和要求如下：

（1）作业内容：完成一个系列服装的色彩构思方案。

（2）作业要求：设计重点应是色彩构思，服装款式放在第二位，需用彩色效果图来表现，效果图风格不限。

案例一

图 3-9 所示为学生的色彩构思图。该设计借鉴民族服饰的对比色彩关系组合而成，对部分色彩纯度进行降度处理，保留一两个色的高纯度，同时色块安排有疏密对比、面积大小对比，设计风格活泼中带有理性。

案例二

图 3-10 所示为受民族服饰的红色与蓝色的对比色关系的启发而完成的服装色彩构思方案，其中红色与蓝色在纯度上作了微调，黄色偏点绿。色彩使用面积上，以红色为主，黄色、蓝色使用面积很小，整个服装的色彩主调为红色，服装风格热情。

案例三

图 3-11 所示为受民族服饰的高纯度红色与白色的色彩关系启发而完成的服装色彩构思方案，其中红色纯度高，但使用面积上偏少，使整个服装的色彩在安静的白色中跳出一点红。

无相
作品灵感来源于禅宗美学思想中尊重人性、注重内在本质的精神，从传统文化角度出发，提炼朴素雅致的服装形式，将禅宗文化美学意境运用于本设计中，选用舒适柔软的棉飘逸潇洒的雪纺，既符合现代人追求个性的心理特点，又充分考虑面料的舒适度，以及服装在廓形上趋向 H 型，梯形，无明显收腰的形态，为了带给穿着者舒畅自由的感受，回归本源的自由方式。

图 3-9　色彩构思方案一（刘银银）

图 3-10　色彩构思方案二（赵茜）

图 3-11　色彩构思方案三（李雪婷）

第二节　传统材料的启发

从自然界的动植物中提取的棉、麻、丝纤维纺织而成的面料，是各民族服饰中使用最为普遍的材料，或者对纺织而成的面料进行再加工处理，如染、做亮、做褶皱等，然后再用这些面料制作服装。我国各民族采用的传统服装面料，比较普遍的是纯棉织物、纯麻织物、棉麻混纺织织物、毛织物、毛皮等，除此之外，还有少数比较有特色的服装面料，如织锦、亮布、氆氇、艾德莱丝绸、鱼皮等。

一、传统材料新用

民族服饰传统面料具有特殊美感，这是吸引设计师的重要原因。将民族传统面料注入新的设计，材料的正确使用比较关键。传统面料起到的作用，全在于设计师的正确使用和把握上。是全部应用传统面料，还是传统面料与现代面料混合使用，都要统一在明确的设计风格之下，必须将传统面料与其他设计因素（如款式、板型、制作）相互结合，这样才能更好地发挥传统面料的作用。图 3-12 所示为利用日本传统印花布设计的服装，纯棉印花布料与简洁、朴素的服装风格协调一致；图 3-13 所示为美洲民族风格印花面料的运用；图 3-14 所示为采用东欧传统风格与中国传统风格的面料设计的春夏服装；图 3-15 所示为采用日本传统风格的面料设计的服装。

图 3-12　日本传统印花布的运用

二、案例分析

以下分析两个案例，这是民族服饰语言的时尚转换课的作业，以训练对材料的运用。其相关作业内容和要求如下：

作业一

（1）作业内容：完成一份民族服饰素材收集图。

（2）作业要求：收集一种民族传统服饰面料，将收集的面料小样进行整理，需辅以必要的文字进行说明。

图 3-13　美洲民族风格印花面料的运用

图 3-14　东欧传统风格与中国传统风格面料的运用

作业二

（1）作业内容：完成一个设计方案。

（2）设计要求：将收集的民族服饰传统面料运用到服装设计中，完成一个设计方案，重点是面料的合理运用。

案例一

图 3-16 所示为面料来源收集作业，是对香格里拉傈僳族男子传统服饰面料资料的收集，该面料用传统织布机手工织出来，也称线呢。线呢比布稍厚一些，也较挺括。这份资料收集图内容单纯，以面料为主，由手稿、照片、色样、文字组成，构图虽然简洁，但该有的信息都有，是一份完整的面料来源收集图。

图 3-17 所示为服装设计图，是运用傈僳族传统服饰面料设计的女装，将白色纯棉斜纹布与传统条纹面料组合，利用分割线、层次等服装语言设计出简洁风格的女夏装，服装风格清爽、实用。

案例二

图 3-18 所示为面料来源收集作业，是对丽江纳西族男子

图 3-15　日本传统面料的运用

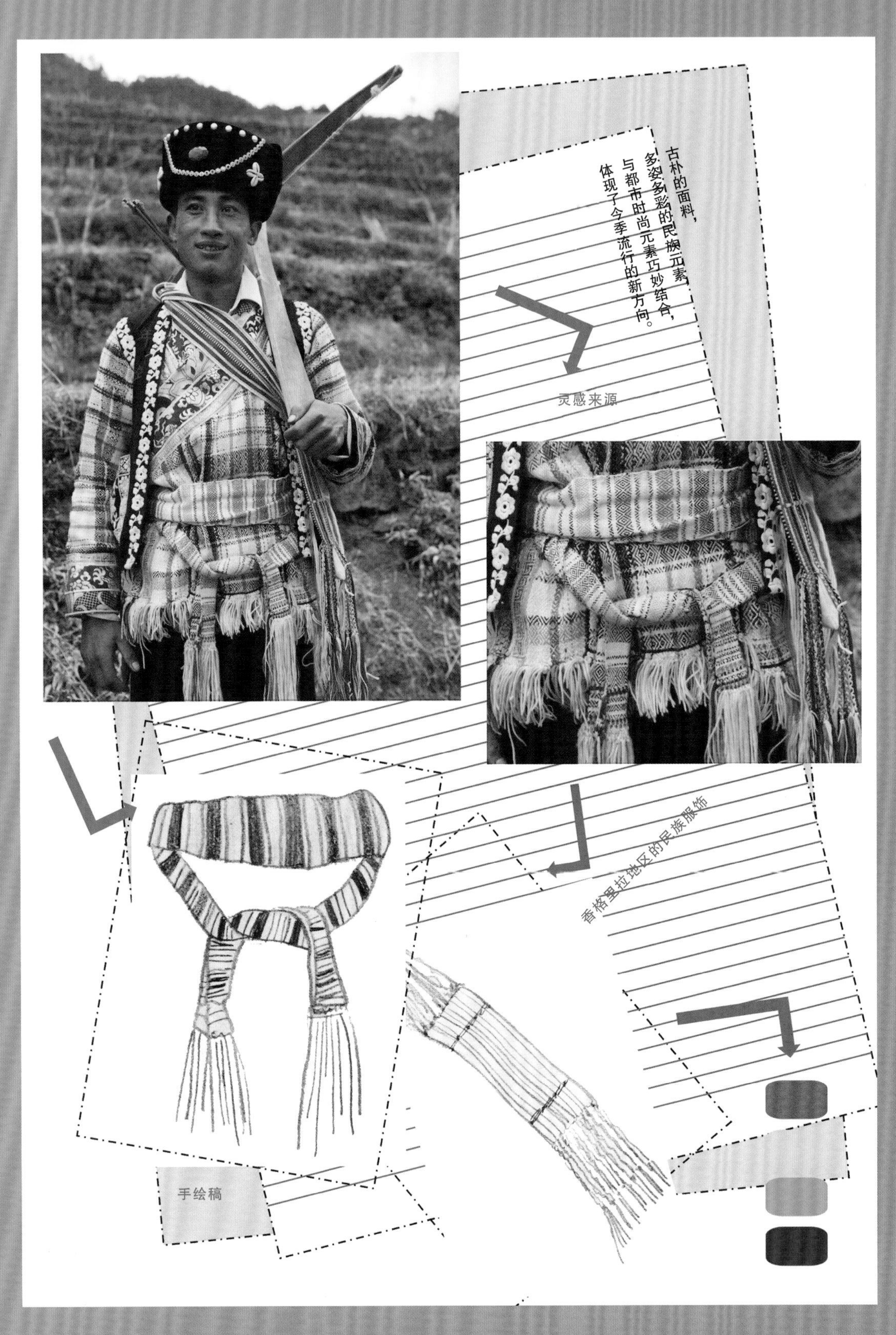
古朴的面料，
多姿多彩的民族元素，
与都市时尚元素巧妙结合，
体现了今季流行的新方向。
灵感来源
香格里拉地区的民族服饰
手绘稿

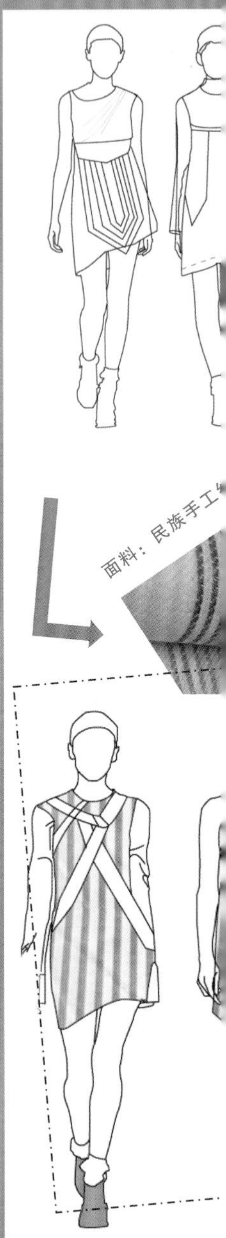
面料：民族手工

图 3-16　面料来源收集作业一（赵茜）

图 3-17　传统面料的运用作业一（赵茜）

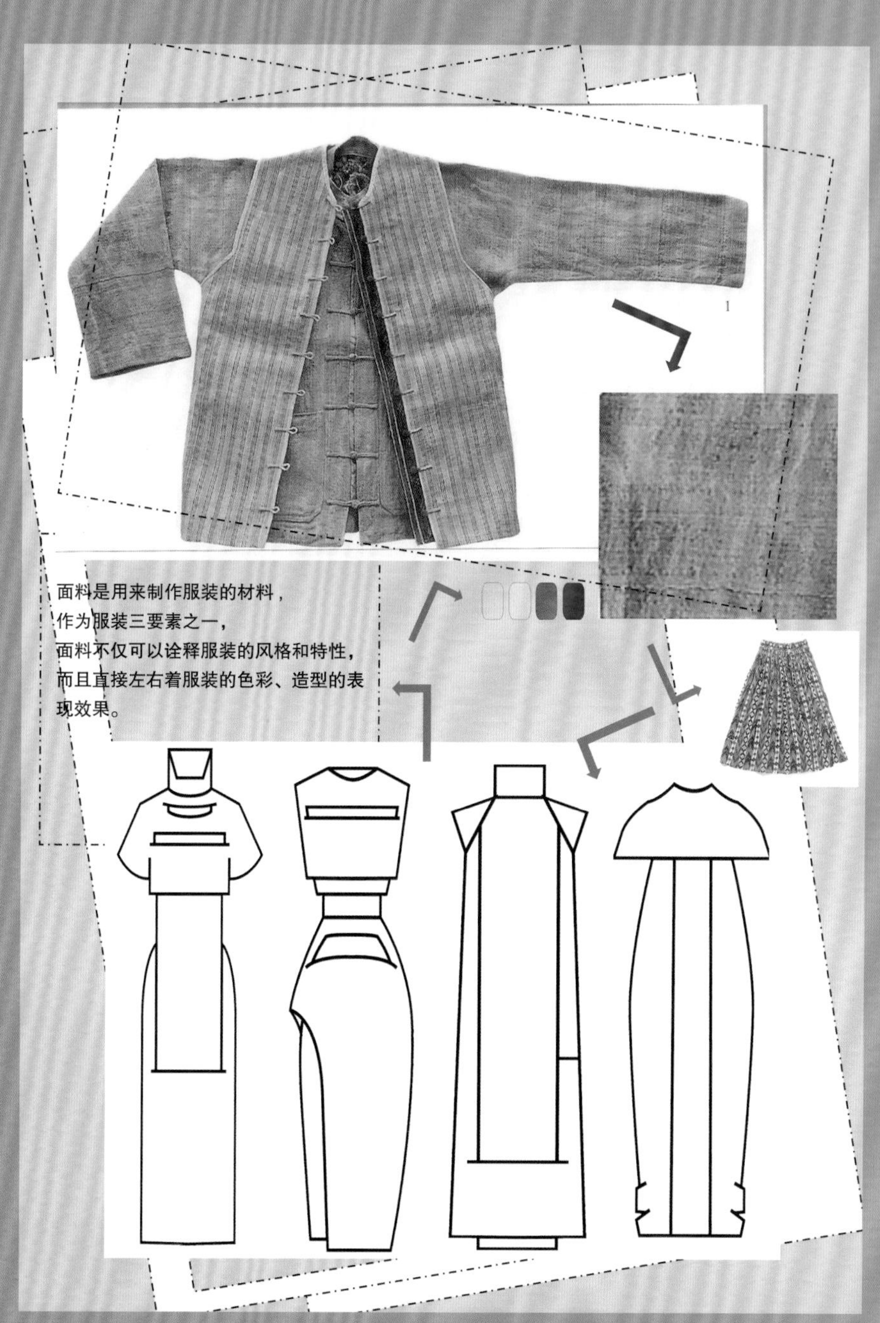

面料是用来制作服装的材料，
作为服装三要素之一，
面料不仅可以诠释服装的风格和特性，
而且直接左右着服装的色彩、造型的表现效果。

图 3-18　面料来源收集作业二（赵茜）

传统服饰面料资料的收集，材料是纯麻织物，采用平纹结构织造。这份资料收集图，主题明确，以面料为主，配以简洁风格的服装款式图。从面料来源收集图上可以看出设计者的兴趣点，受传统面料的启发，获得设计灵感，再根据面料的特性确定服装的风格。

图 3-19 所示为服装设计图，是运用纳西族传统服饰面料设计的系列女装，将白色纯棉布与民族传统手工织布混合采用，由分割线切换面料，再使用镂空等设计语言，设计出简洁实用又不失时尚感的系列女装。白色纯棉布与平纹麻质面料混合使用，体现朴素的服装风格，发挥了传统面料的作用。

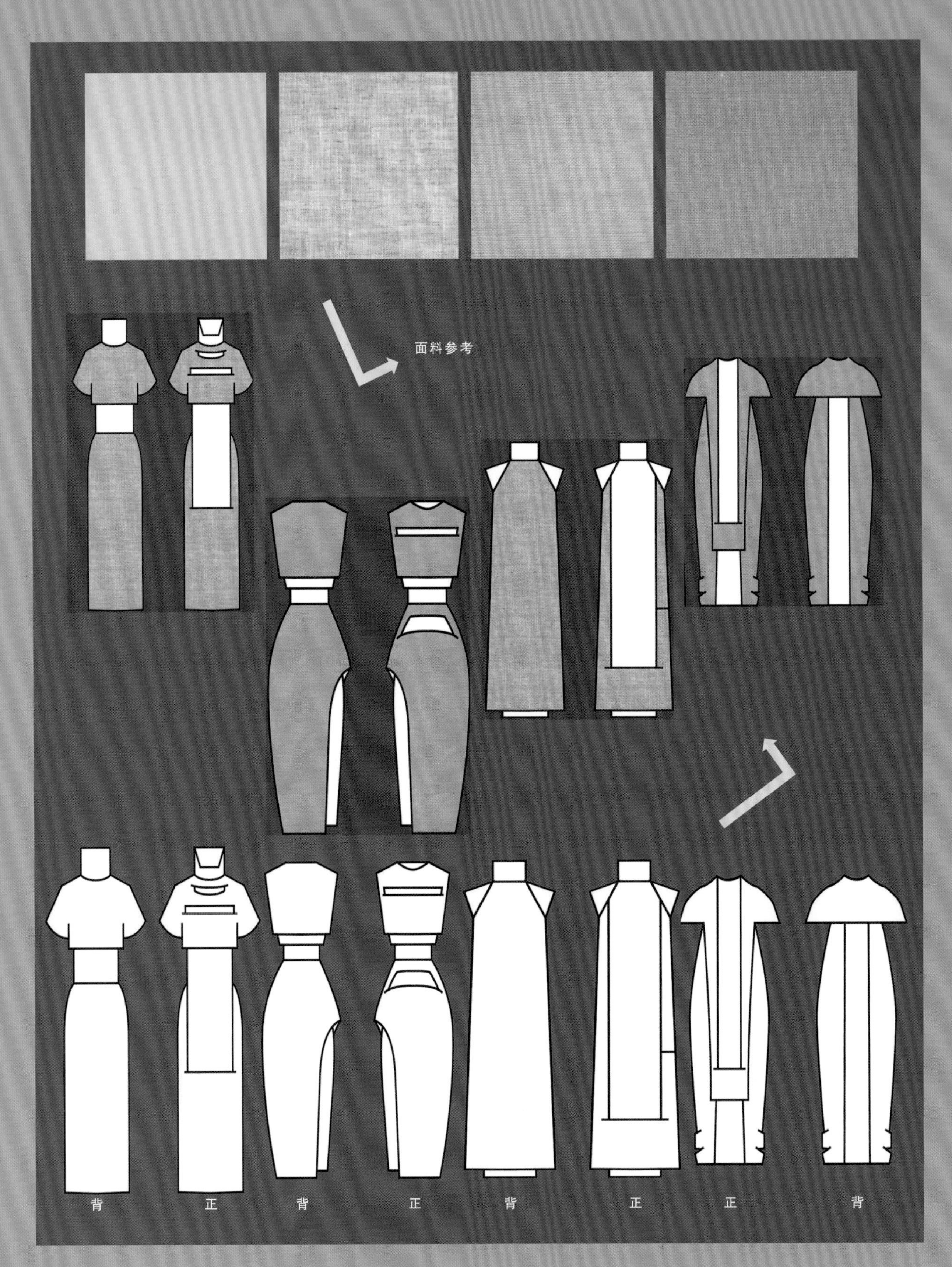

图 3-19　传统面料的运用作业二（赵茜）

第三节　对传统图案的研究与运用

我国各民族的传统服饰图案，是表达意境与人心灵情感最细腻和最丰富的形式，是一个有丰富资源的宝库。传统图案传达的特殊情感信息是最容易打动设计师并启发设计的因素，从现代服装近百年历史中可以看出，各国服装设计师对本民族或异域民族传统服饰语言的借鉴与运用最多的元素就是图案，可见它的魅力所在。

传统图案的运用重点同样是图案与服装的风格一致，并处理好图案与服装其他要素的关系，图案才能发挥出更好的作用。

一、对传统图案结构的研究

我国民族服饰传统图案的结构方式有二方连续、四方连续、单独纹样、适合纹样等。

（一）二方连续

二方连续指运用一个或几个单位纹样进行上下（纵式）或左右（横式）两个方向的反复排列形成带状连续的纹样，其特点是连续、递进、回旋。二方连续纹样的基本骨格结构有散点式、波纹式、连环式、折线式、一整二剖式、综合式、纵式等（图 3-20）。

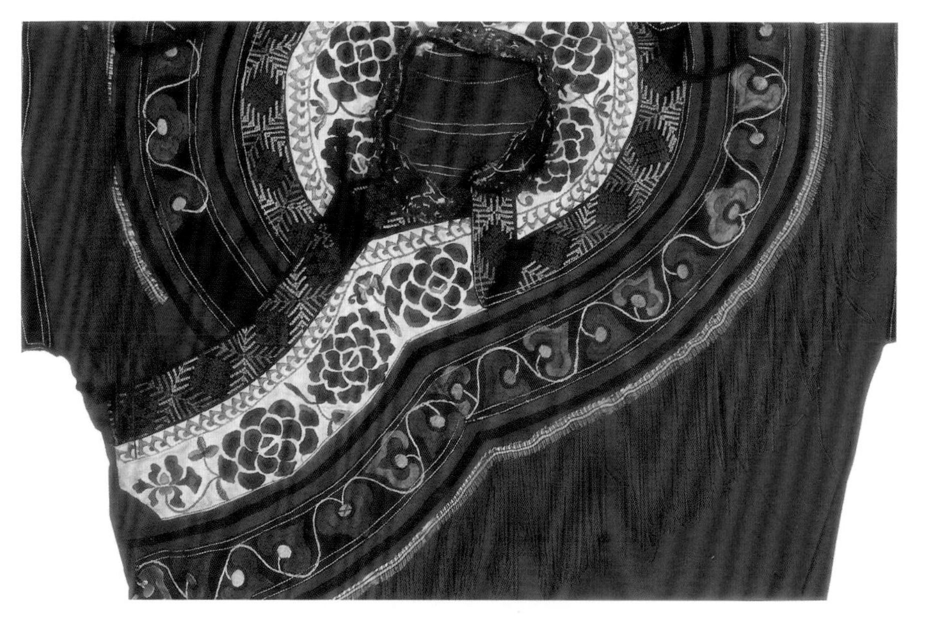

图 3-20　二方连续纹样

（二）四方连续

四方连续指运用一个或几个装饰元素组成基本单位，进行上下左右四个方向的反复排列，并可无限扩展、延续的纹样。四方连续纹样的基本骨格结构有重叠式、散点式、连缀式等（图 3-21）。

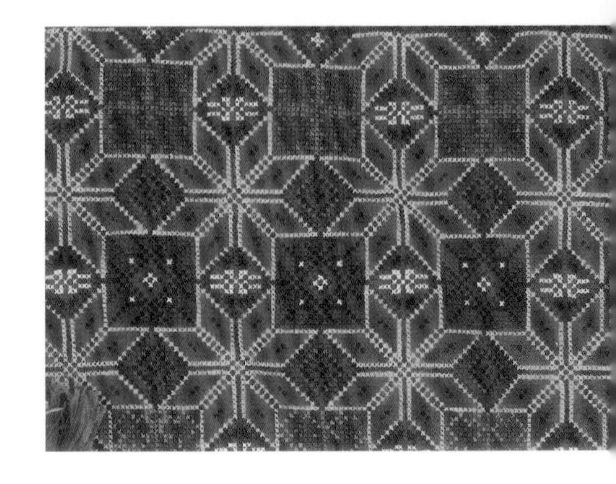
图 3-21　四方连续纹样

（三）单独纹样

单独纹样指没有外轮廓及骨格限制，可单独处理、自由运用的一种装饰纹样。这种纹样的组织与周围其他纹样无直接联系，但要注意外形完整、结构严谨，避免松散零乱。

单独纹样有两种形式：

（1）对称式单独纹样：又称均齐式单独纹样。其特点是以假设的中心轴或中心点为依据，使纹样左右、上下对翻或四周等翻，图案结构严谨丰满、工整规则。

（2）均衡式单独纹样：又称平衡式单独纹样。其特点是不受对称轴或对称点的限制，结构较自由，但要注意保持画面重心的平稳。这种图案主题突出、穿插自如、形象舒展优美、风格灵活多变且运动感强。均衡式单独纹样又分为涡形式、S 形式、相对式、相背式、交叉式、折线式、重叠式、综合式等单独纹样（图 3-22）。

图 3-22　单独纹样

（四）适合纹样

适合纹样指具有一定外形限制的纹样，图案素材经过加工变化，组织在一定的轮廓线以内。适合纹样具有严谨与适形的艺术特点，要求纹样的变化既能体现物象的特征，又要穿插自然，形成独立的美感。适合纹样可分为形体适合、角隅适合、边缘适合三种形式。主要有离心式、向心性、均衡式、对称式、旋转式等适合纹样（图 3-23）。

二、传统图案的转化运用

民族服饰中传统图案的转化运用，可分为两种方式：一是民族服饰图案的局部原始样本的运用，二是对传统图案的打散重组。

（一）原始样本的运用

对民族服饰中传统图案原始样本的运用，就是将图案的局部完整形式直接用于服装设计中，使用这种方法需注意图案纹样与服装内部构造的疏密关系、整体关系及对比关系，并运用平面构成的知识营造图案与服装的关系。如图 3-24 所示的披肩，中国传统图案样式几乎没变，但效果很好；图 3-25 所示为运用欧洲传统图案设计的裙装，款式经典；图 3-26 所示为运用非洲传统图案设计的冬装，配上毛皮围巾，服装风格野性时尚；图 3-27 所示的上衣是对中国苗族传统服饰图案的运用。

图 3-23　适合纹样

图 3-24　中国传统图案的运用

图 3-25　欧洲传统图案的运用

图 3-26　非洲传统图案的运用

图 3-27　中国苗族传统服饰图案的运用

（二）打散重组

打散重组是对民族服饰中传统图案的转化运用的第二种方式，重组也要注意保持图案的风格，这样才能传递出传统图案的美。对传统图案的打散重组，包括：将图案简化；将传统图案与现代图案组合、重组；夸张局部等。运用打散重组这种方法，既要确保图案与服装风格协调一致，又要注意图案的摆放位置，是满地式、散点式、角隅式，还是居中式等，这些都要仔细考虑，如图3-28～图3-37所示为国外著名设计师在民族传统图案的基础上再设计的服装图案，运用到不同类型、不同廓型的服装中，产生出不同的风格。

图3-28　民族传统图案再设计

图3-29　俄罗斯传统图案再设计

图 3-31　印度传统图案再设计

图 3-30　日本传统图案再设计

图 3-32　中国传统图案再设计

图 3-33　苗族传统图案的转化运用

图 3-34　非洲传统图案的转化运用

图 3-35　欧洲传统图案再设计

图 3-36　非洲传统图案再设计

图 3-37　东欧传统图案再设计

三、案例分析

以下分析三个案例，这是民族服饰语言的时尚转换课的作业，以训练对图案的运用。相关作业内容和要求如下：

作业一

（1）作业内容：完成一份素材收集图。

（2）作业要求：寻找可以转化运用到服装设计中的民族传统服饰图案或民族织锦图案，完成一份素材收集图，需辅以文字进行补充说明，为后一步的设计工作作准备。

作业二

（1）作业内容：完成一套或一系列服装设计方案。

（2）设计要求：将收集的民族服饰传统图案运用到服装设计中，完成一套或一系列服装设计，方案用彩色服装效果图表现，表现方法不限。

案例一

图 3-38 所示为民族织锦纹样的收集整理图，将织锦纹样局部放大，将几种不同的织锦并列排在一个画面中，加上一张手绘线描织锦纹样图和几款民族服装，使画面内容更为丰富。

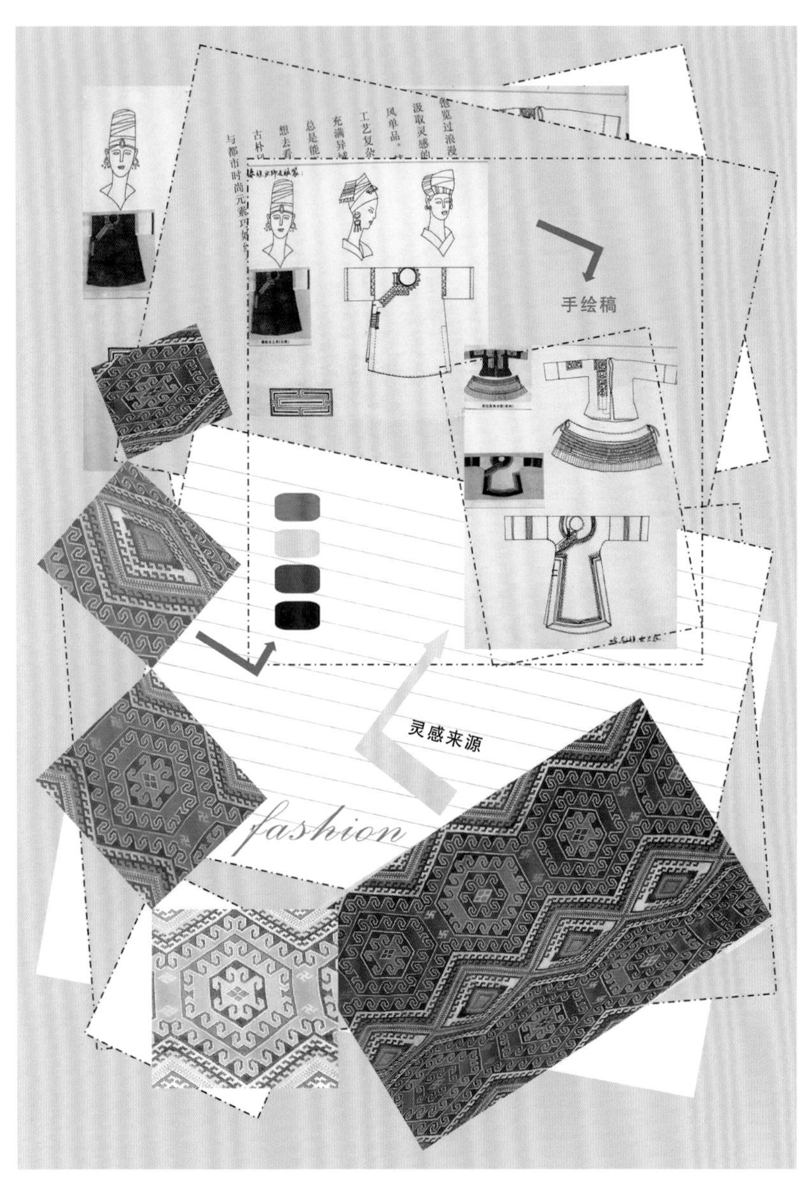

图 3-38　织锦纹样收集作业（赵茜）

图 3-39　图案应用作业（尹立）

图 3-39 所示为民族织锦纹样运用的设计效果图。该设计是一款衬衣，在门襟、领口、袖的位置处使用织锦图案，图案几乎与原始样本一致。这款衬衣利用简洁的结构、单纯的面料色彩设计，让白色面料衬出图案的美。

案例二

图 3-40 所示为民族图案收集整理图。设计者对多种风格的民族图案进行收集，并在画面上添加服装设计草图、服装设计效果图，希望在一张图上表现其设计思路、设计轨迹。

图 3-41 所示为服装设计效果图，灵感来源于民族图案，将民族图案运用在两套服装的领部，服装廓型设计比较独特，宽松小袖外套配喇叭裤，非对称袖的 X 型上装配七分紧身裤，图案色彩与服装色彩一致，目的是含蓄地显现出民族图案的美。

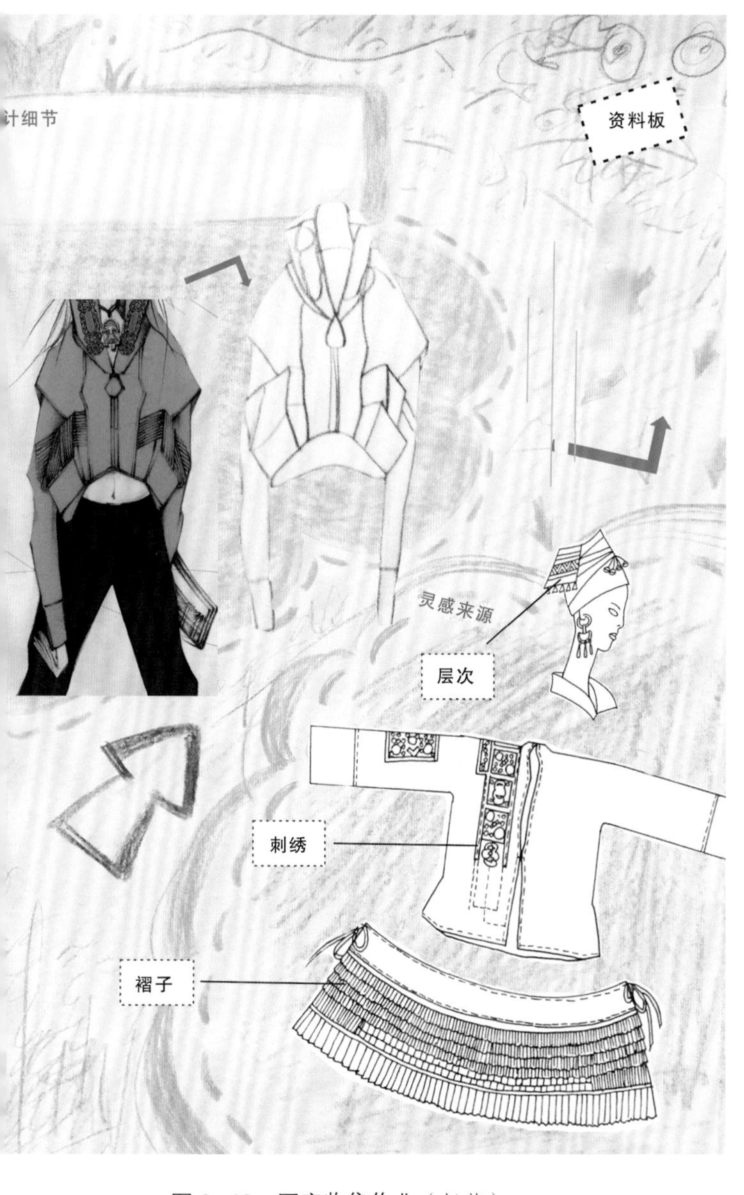

图 3-40　图案收集作业（赵茜）

图 3-41　单独纹样应用作业

案例三

图 3-42 所示为民族服饰图案收集作业，反映了该学生对民族织锦的收集并打散重组的过程。图 3-43 所示为借鉴民族服饰图案的设计，将民族图案用拼接的方法运用在系列服装的前后片主要位置，并用非对称手法设计合体小袖外套配七分裤，色彩以冷色调为主，点缀红、绿对比色，理性中略显活泼。

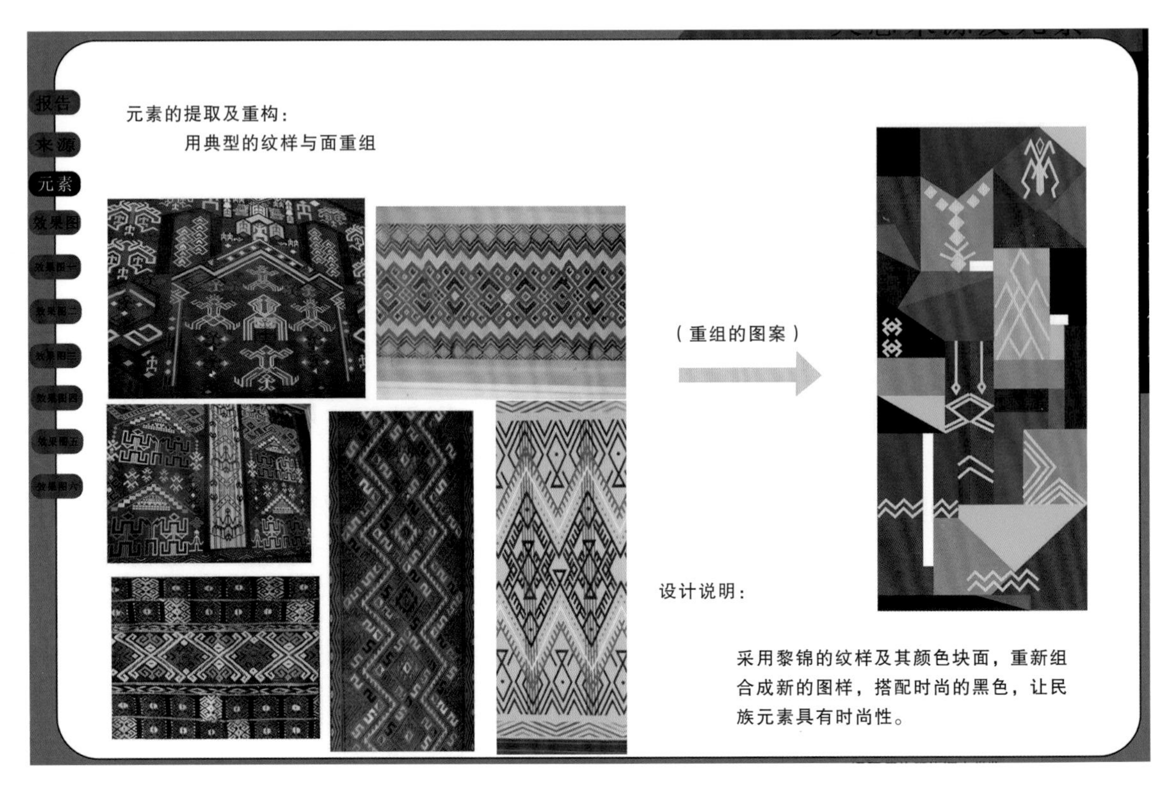

元素的提取及重构：
用典型的纹样与面重组
（重组的图案）

采用黎锦的纹样及其颜色块面，重新组合成新的图样，搭配时尚的黑色，让民族元素具有时尚性。

图 3-42　民族服饰图案收集重组作业（何雨薇）

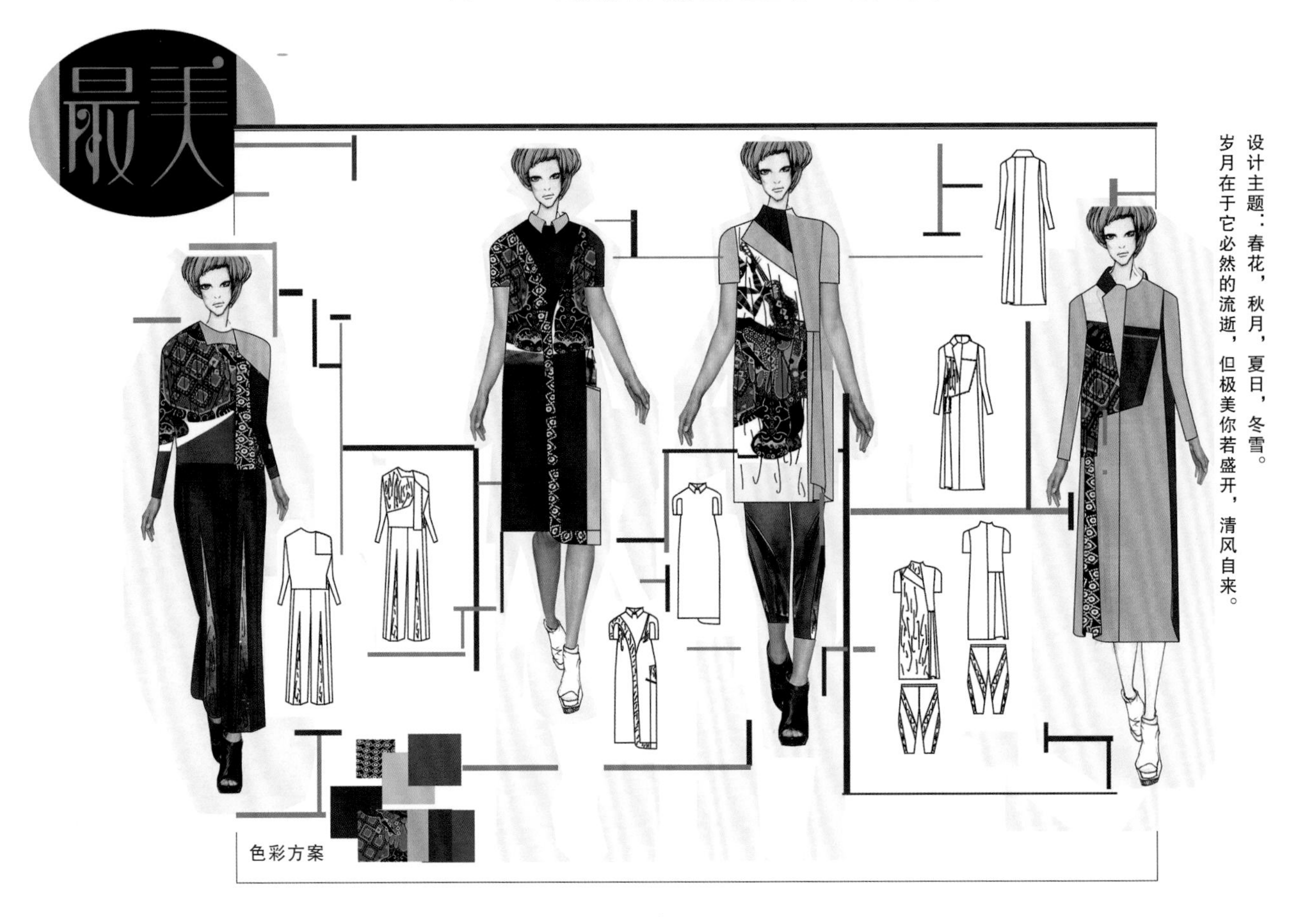

最美
设计主题：春花，秋月，夏日，冬雪。
岁月在于它必然的流逝，但极美你若盛开，清风自来。
色彩方案

图 3-43　图案的再设计运用（刘银银）

第四节　民族服饰传统手工艺的时尚运用

除图案与色彩这样直观的外化语言，民族传统服饰中精美的工艺手段也给我们带来了无数的灵感启发。例如，利用扎染、蜡染工艺对面料进行染色，百纳布工艺进行面料的拼接镶嵌以及手法绚烂的刺绣工艺等。传统工艺作为灵感，目的是发现根植于生活中的手工艺带来的美感，原始地呈现中国美。

一、了解民族服饰传统手工艺

民族服饰传统手工艺，指服饰材料制作技术、服饰制作工艺和服饰装饰工艺，包括服装制作工艺、服装定型工艺、百纳布工艺、扎染、蜡染、印染、刺绣、补花、织锦、编结等。以上工艺在第一章第四节中已作了介绍，这里不再赘述。

民族传统服饰以平面结构为主，轮廓比较简单且各自有固定的样式，所以人们就把心思花在了服装的装饰上。在少数民族服饰中，服装的领口、袖口、前胸、双肩、下摆等处是整件衣服中最为出彩的部位，这些部位往往被施以精细的刺绣、挑花、串珠、镶条、滚边等工艺制作的图案，甚至一件服装的制作周期最长可达数年，由此催生发展出极尽精巧的传统手工艺。在这些传统工艺中，刺绣是最常见的。刺绣的技法很多，即平绣、挑花、堆绣、锁绣、贴布绣、打籽绣、破线绣、钉线绣、绉绣、辫绣、缠绣、马尾绣、锡绣、蚕丝绣。这些技法中又分若干的针法，如锁绣有双针锁绣和单针锁绣，破线绣有破粗线绣和破细线绣等。传统的手工艺是民族服饰中最为精彩华美的部分之一，彰显了民族服饰风貌的特点。

二、传统工艺再运用

丰富的民族传统工艺技巧，对设计师来说是一个巨大的宝库。传统工艺技巧的时尚转化运用，主要是运用传统技艺设计并制作出有特色的材料和图案，运用于不同类型的服装中，这里讲的内容以材料的运用为主。用传统技艺制作出来的服装材料，蕴含朴实、原初、手工感之美，在众多风格的服装面料中脱颖而出，成为独特的样式。

在利用这种面料设计服装时，要将面料与服装的风格、种类、舒适度结合起来考虑，才能体现出传统工艺的美。如扎染、蜡染、手工印染、蓝印花布、手工织布、拼布的原材料以纯棉、棉麻混纺、丝绸为主，这类天然纤维面料，都适合春夏日常装，以自然、绿色为设计理念，以简洁轻松、生活实用为设计定位。图 3-44、图 3-45 所示为运用拼布面料设计的秋衣，将拼布的美于简洁的服装结构中突显出来。图 3-46 ～图

3-49 所示为采用扎染面料设计的夏裙和礼服。

图 3-44　拼布的运用

图 3-46　扎染工艺的运用一

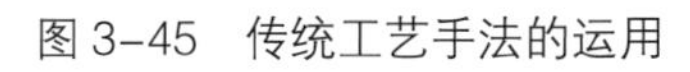

图 3-45　传统工艺手法的运用

图 3-47　扎染工艺的运用二

图 3-48　扎染工艺的运用三

图 3-49　扎染裙

三、案例分析

以下分析两个案例，这是民族服饰语言的时尚转换课的作业，强调对传统手工艺的运用训练。相关作业内容和要求如下：

（1）作业内容：完成一份设计方案。

（2）作业要求：选择运用一种传统手工艺的方法制作面料，并用这种面料设计一系列服装（男装、女装任选，3～5套）。设计方案包括彩色服装效果图与面料小样，效果图表现方法不限。

案例一

图3-50中左边是用民族传统工艺制作的百纳布收集，右边是设计效果图。该设计将百纳布与单色面料相结合，注重服装裁片面积的对比，利用分割线将两种面料切换，色彩上采用白色与百纳布的五彩色形成对比，有对比也有统一。较大面积地使用白色面料，目的是避免服装的整体效果显得凌乱。

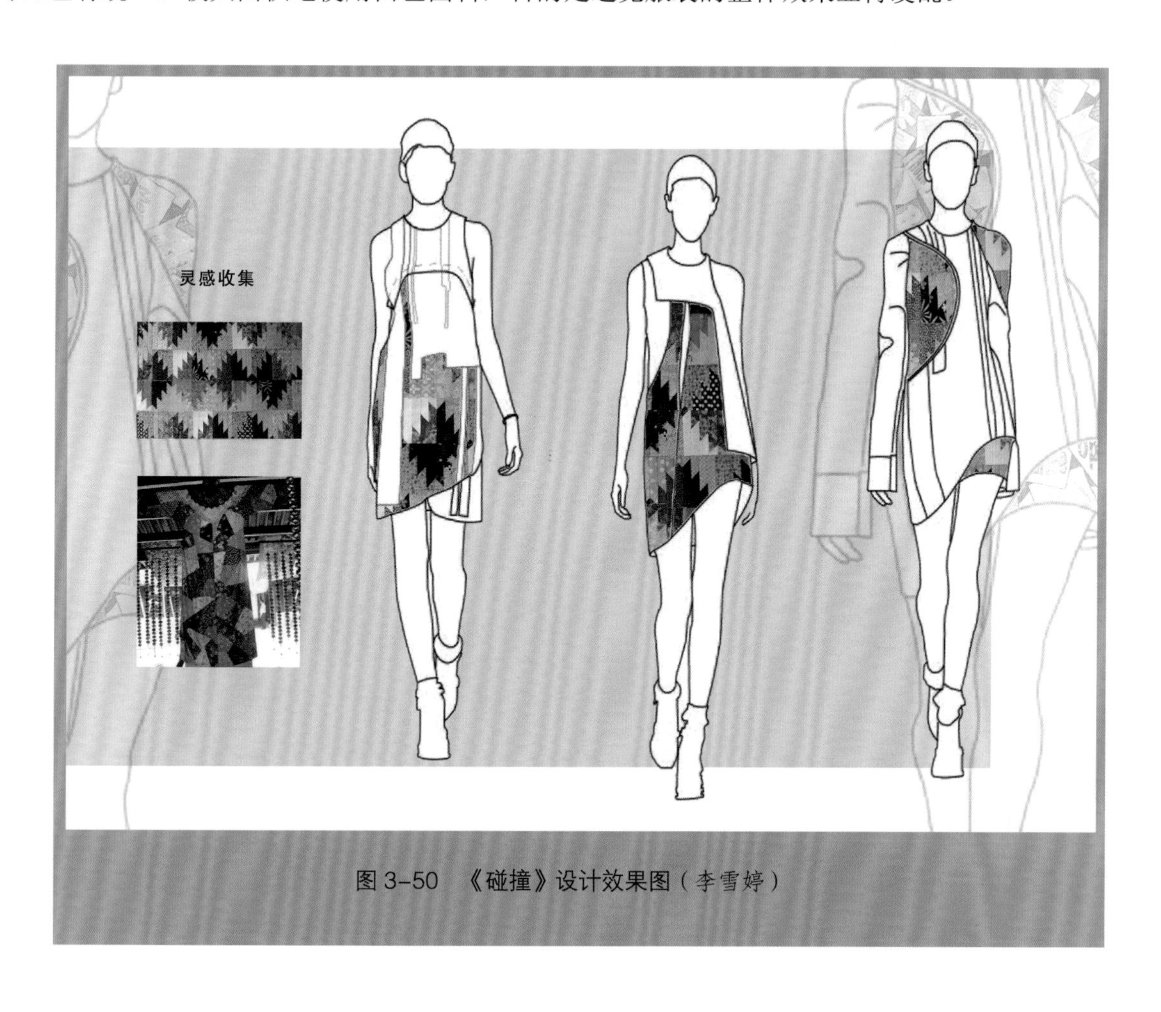

图3-50 《碰撞》设计效果图（李雪婷）

案例二

图3-51中左上角是用传统扎染工艺制作的面料小样，右边是设计效果图。服装运用传统扎染工艺制作的扎染丝绸面料，设计出系列春夏女装，将丰盈感的褶皱搭配简洁的轮廓，柔软轻薄的扎染面料与单色面料相混合，再配以民族风格的项链，表达出自然的纯洁感觉。图3-52中左上角是用传统扎染工艺制作的面料小样，右边是设计效果图。用扎染针织面料设计的一系列男式T恤，服装简洁，色彩鲜艳。扎染面料制作T恤仍不失时尚感。

图 3-51 《扎染的联想》设计效果图（程珊）

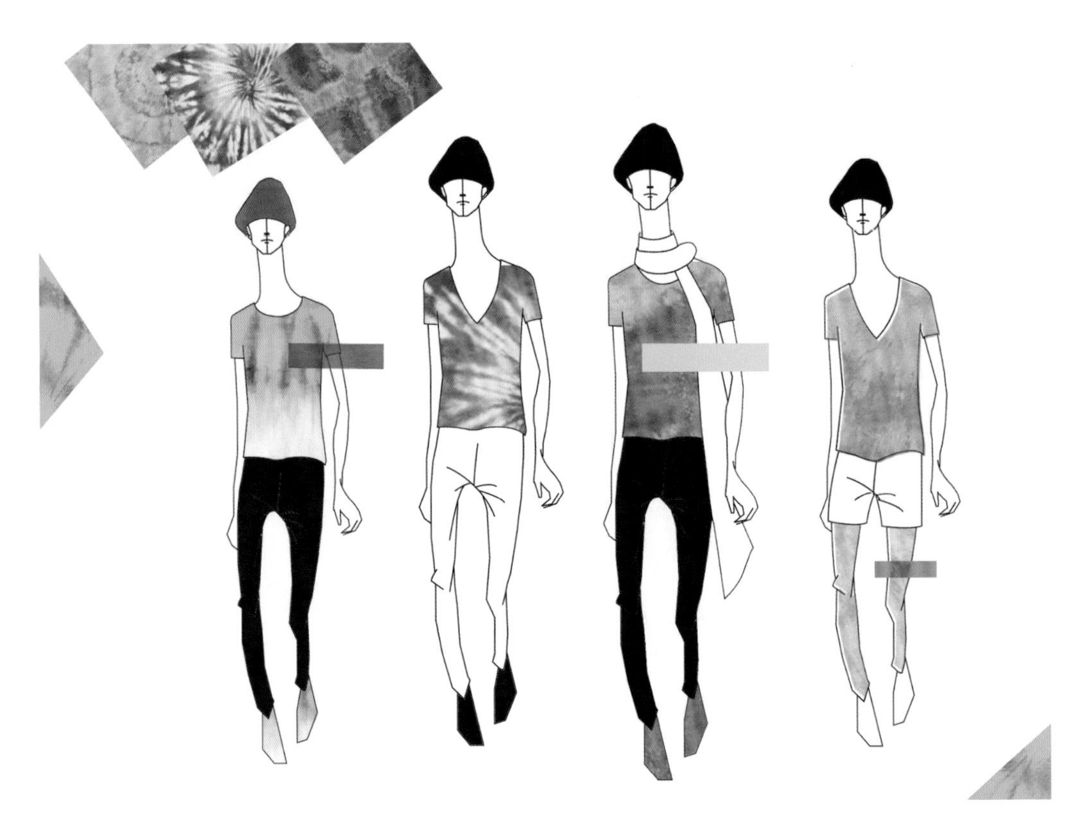

图 3-52 扎染 T 恤设计效果图（李雪婷）

第五节　民族传统配饰带来的灵感

图 3-53　民族风格的配饰一

服饰配件指除服装以外所有附加在人体上的物品。其种类包括头饰、胸饰、颈饰、腰饰、背饰、脚饰、包袋、帽、鞋、袜、手套等。民族传统配饰除作为服装的搭配以外，其自身精湛的工艺、绚烂的色彩、独特的造型特征也散发出迷人的光彩，无疑成为配饰设计灵感之一。

一、配饰设计要点

配饰设计的基本要素与服装设计一样，即：造型设计、色彩设计、材料设计。造型设计是基础，是创造配饰风格的基础，造型决定色彩和材料，为色彩和材料提供有用的依据。色彩决定配饰的色彩面貌，材料是配饰的物质基础，以上三个要素缺一不可。

配饰有纯装饰性配饰与实用兼装饰性配饰之分，以装饰为目的的配饰设计遵循审美规律、市场规律；实用兼装饰性配饰的设计重点是品种分类设计，这类配饰因使用场合和用途不同而造型不同，最常用的鞋、帽、包，皆有不同的分类。鞋的常规分类有春秋季鞋、夏季鞋、靴、运动鞋等。帽的常规分类有药盒帽、发箍半帽、豆蔻帽、塔盘、礼帽、钟形帽、贝雷帽、鸭舌帽、宽檐帽、翻折帽、幞头等。包的常规分类有宴会包、女士包、背包、沙滩包、学生包、公文包、化妆包、皮夹、旅行包、挎包等。因此配饰设计要求分类设计，即针对某一类型的配饰进行造型、色彩、材料具体的考虑并达到预想的效果。同样一种设计方法，很可能有不同的结果，这取决于设计要求和设计延伸，从不同的角度进行设计，也可能得到同样的结果。

民族风格的配饰设计，是利用民族传统配饰资源，运用符合时代审美特征的设计手法进行的设计，是用新的视角对传统的诠释（图 3-53 ～图 3-55）。

图 3-54　民族风格的配饰二

图 3-55　民族风格的配饰组合

二、案例分析

以下分析三个案例，这是民族服饰语言的时尚转换课的作业，强调对传统配饰运用的训练。相关作业内容和要求如下：

（1）作业内容：完成一份设计方案。

（2）设计要求：选择一种类型的民族传统配饰，运用其造型特点或工艺特点或材料特点转换设计一系列配饰，包括鞋、帽、包、首饰。设计方案应包括民族配饰一件、配饰设计图和相关文字说明。

案例一

图 3-56 所示为资料收集图，图中收集的是侗族儿童帽子的样式和图案，并将图案用黑白画的形式表现，作为后续配饰设计的灵感来源。图 3-57 所示为配饰设计图，该设计包括鞋、帽、包、首饰，其设计灵感来源于侗族儿童帽，采用儿童帽上的图案作为一个重要借鉴元素。帽和包盖上用较粗的彩色丝线盘出图案，追求立体感；鞋面的图案用彩色金属丝盘成；首饰用彩色金属丝编制，造型简洁整体，图案细腻。

案例二

图 3-58 所示为配饰设计图，该设计包括鞋、帽、包、首饰，其设计灵感来源于苗族儿童帽的色彩关系和银泡。浅玫红色与浅绿色的组合，表现出清新的风格，银泡设计在帽子和项链上，形成材料的对比美。

案例三

图 3-59 所示为配饰设计作业，其设计是三个女士包，灵感来源于传统图案，色彩淡雅较单纯，表现出清新的风格，金属链条设计为包带，形成材料的对比美。

设计说明：该设计包括鞋、帽、包、手饰，设计灵感来源于侗族儿童帽，儿童帽上的图案作为一个重要元素。帽子和包盖上用较粗的彩色丝线盘出图案，追求立体感。鞋面的图案用彩色金属丝盘成。首饰用彩色金属丝编，造型简洁整体，图形细腻。

图 3-56 资料收集作业（程珊）

图 3-57 配饰设计作业一（程珊）

颜色与灵感
的帽子颜色一
上的装饰同
片上的串珠
，简化廓型，
配以一些形
不一的珠子
规则排列。

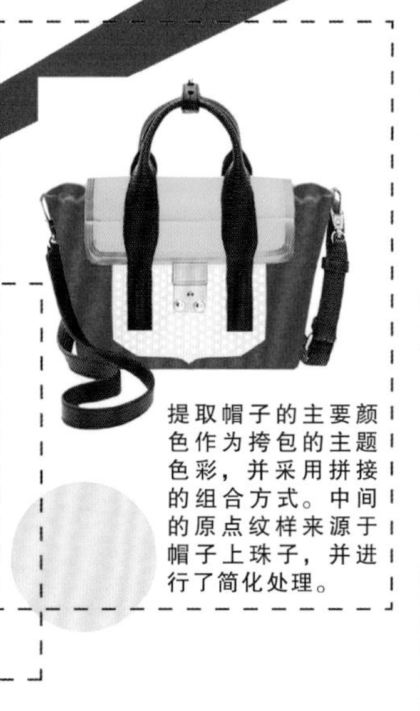

提取帽子的主要颜色作为挎包的主题色彩，并采用拼接的组合方式。中间的原点纹样来源于帽子上珠子，并进行了简化处理。

项链质地为银质，配以玫红、绿色、淡黄的彩色水晶进行撞色设计。底部用圆铃进行装饰。

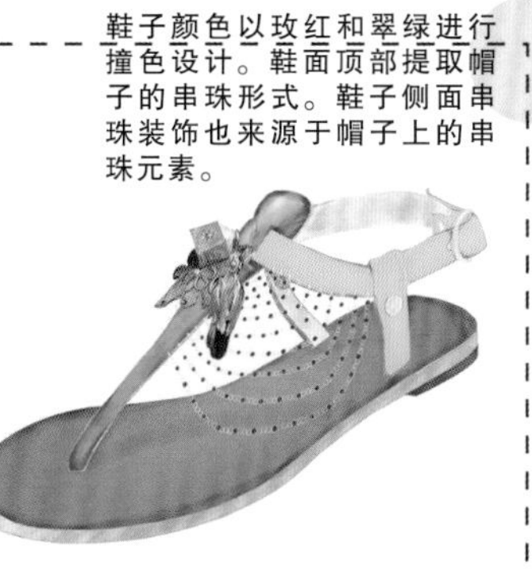

鞋子颜色以玫红和翠绿进行撞色设计。鞋面顶部提取帽子的串珠形式。鞋子侧面串珠装饰也来源于帽子上的串珠元素。

图 3-58 配饰设计作业二（程珊）

图 3-59 配饰设计作业——包（李雪婷）

第六节　民族服饰的直接搭配应用

民族服饰系列中的单件物品可以直接与时装进行搭配，形成混搭的着装风格，这也是年轻人比较喜爱的一种风格。

一、直接搭配要点

搭配者可以按照自己的喜好，选择性地进行搭配，没有固定的搭配规则可言。但是因为民族服饰有的装饰面积比较大、有的穿脱不方便、有的太沉重，不适合与时装搭配。所以用较简洁的民族服装或民族配饰与时装搭配，是比较常见的搭配组合方式，如民族配饰单品中的首饰、包袋、绣花鞋、色彩鲜艳的头巾等，都可以考虑。如图 3-60 所示，选择单件民族服装与时装相搭配，通常会选择装饰或结构较为简洁的单件民族服装与时装搭配。

二、案例分析

以下分析两个案例，这是民族服饰语言的时尚转换课的作业，以加强对民族服饰的搭配训练。相关作业内容和要求如下：

（1）作业内容：完成一份设计方案。

（2）设计要求：选择一种类型的民族服饰，将其与现代成衣搭配，并用彩色设计图来表现，效果图风格不限。

案例一

图 3-61 所示为彝族绣花鞋和传统首饰与成衣搭配的设计图。服装以淡雅的灰色系为主，配以民族银饰，服装以层次、皱褶为设计要素，与简洁的裙子形成对比。绣花鞋与银饰在整个服饰中起点缀作用，使整体服装风格时尚中略带传统之美。

案例二

图 3-62 所示为苗族节裙与成衣搭配的设计图。上装为简洁

图 3-60　民族传统首饰与时装的混搭

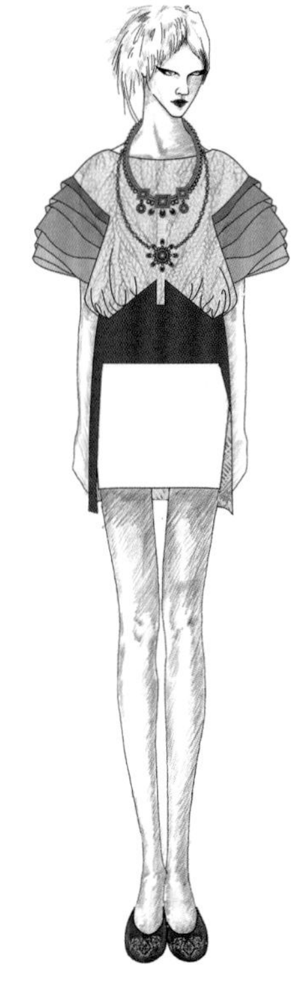

灵感来源：
将传统少数民族中的配饰运用到具有现代风格的服装中，与民族服饰相结合，碰撞出新的时尚

图 3-61　混搭风格设计图（曹涵颖）

图 3-62　混搭风格设计图（李雪婷）

的背心，配以拼布刺绣苗族裙，服装整体风格轻松实用，是夏季女士经常采用的穿衣方式。

本章小结

主要讲述了对民族传统服饰色彩、材料、图案、工艺、配饰的时尚转换设计，同时，还讲解了如何运用民族传统服饰与时装搭配形成混搭风格。在借鉴民族传统服饰元素时，需注意以下几点：

（1）色彩：重点利用民族服饰色彩的高纯度对比色、高纯度邻近色及高纯度互补色的组合关系。

（2）材料：民族服饰的传统面料的原初手工美感，是吸引设计师的主要原因，应重点注意材料与服装风格的关系，力求体现传统面料的美。

（3）图案：包括两种设计思路，一是对民族服饰图案原始图形结构的运用，二是对民族服饰图案的重组，应关注图案在服装上的位置、大小及疏密关系。

（4）工艺：应加强传统技艺的运用，设计并制作出有特色的材料和图案，运用于不同类型的服装中。

（5）配饰：重点是将民族配饰中的个别元素加以利用，另外，还要注意配饰的分类设计。

（6）民族服饰系列中的单件物品：直接与时装进行搭配，形成混搭的着装风格，无任何规则，根据个人的喜好，以实用美观为目的。

第四章 设计过程

服装设计是用服装语言塑造人的整体着装姿态的过程。服装设计构思过程是一个完整的过程，有一个循序渐进的设计程序，所以在本章中，着重对设计过程进行讲解与介绍。

民族服饰语言的时尚转换，是服装设计的重要组成部分，其设计过程与其他类型的服装设计一样，都是从寻找设计灵感开始，进而深入设计。在进行民族服饰语言的时尚转换时，应从民族传统服饰语言中寻找灵感，以此为基础进行设计，设计过程如图 4-1 所示。

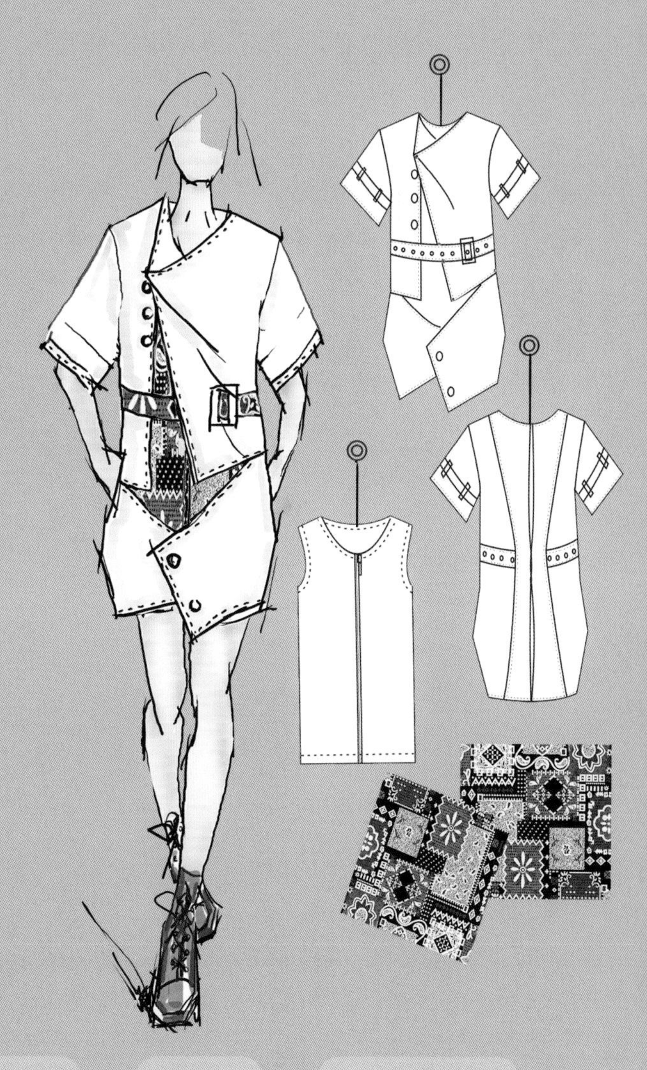

调研 → 调查报告的撰写与排版 → 调研手册的制作 → 构思 → 设计稿完成

图 4-1　设计过程

第一节　调查报告

在确定设计意图之前，一般来说，还需要经历以下几个环节：实地采风或从网络、图书馆收集资料，然后进行调查报告的撰写与排版，接着制作调研手册，如图 4-2 所示。然后就可以根据调研资料构思设计草图，最后考虑面料的选择和细节的处理。如果你有时间和兴趣也可以动手做出实物样品，不断实验，而不要只停留在画设计图阶段。

图 4-2　设计前的调研环节

设计是一门创造性的劳动，时尚的步伐如风一般一往无前，要想成为引领时尚潮流的设计师，就需要不断沉淀自己的创新能力和动手能力。最重要的是要不断地寻找新的灵感，即使是考察、调研，它们都是具有一定创造性的研究工作，同时需要时刻保持一颗了解新鲜事物的好奇心，持续不断地探索，只有这样，才会产生激发创造性思维和灵感的可能性。

对民族服饰的调查可以从网络、图书馆、博物馆、实地考察等方面获得。也许在你着手设计之前，心里并不清楚民族服饰哪些方面的内容和形式对你有吸引力。此时不要着急，带好笔记本，到图书馆、博物馆或者网上查找资料或者到民族地区实地考察，当你耳濡目染民族服饰的方方面面时，你自然就会有所触动，迸发灵感。

一、资料来源

（一）网络

通过网络查找资料，可以快速获得一个整体全面的民族服饰印象，包括服饰的结构特征、着装习俗以及男女服饰特点等。网络中有大量充分的图片和文字供你参考与选择，经过在各个网站对民族服饰方方面面的描述，你就可以对自己所感兴趣的服饰的重要特征做一个概括和提炼，可以拿个小本子记录一些关键词和勾勒服饰剪影及工艺细节，以备查阅，在进行设计的时候可一目了然，触发灵感。

网络收集资料快捷方便，而且能直接从网上下载一些对设计有用的民族服饰图片。但不足之处在于，不能亲自感受到服饰材料的质地和一些精致的细节以及服装结构上的独特之处。表 4-1 中提供了一些可利用的网站。

表 4-1　时尚网站地址

服装资讯网站	http://www.eeff.net http://www.elle.net http://www.vogue.com.cn http://www.style.com http://www.T100.cn
其他网站	http://www.Trends.com.cn 印度时尚 http://lakmeindiafashionweek.indiatimes.com/ 英国毕业时装周 http://www.gfw.org.uk 日本东京时尚周 http://www.jfw.jp/en/ 伦敦时装周 http://www.londonfashionweek.co.uk/

（二）图书馆

去图书馆查阅也是获取民族服饰资料、找到灵感的基本途径之一。书籍相对于网络上零散的服饰知识来说，更为全面系统。图书馆的民族服饰方面的论著，分门别类地为读者提供了更完整的解读文本，对民族服饰的基本要素，如服装的款式、结构、材料、工艺、图案及装饰品、配饰等，也进行了更详细的分析和梳理，有助于更深入地认识和研究民族服饰文化。

图书馆中的书籍类型丰富，有些是专门介绍民族服饰图片资料的书籍，有些是关于民族服饰文化研究的文字与图片相结合的书籍，有些是涉及民族服装结构图、图案等的研究性书籍，有些是对比各地服饰样式与风格的书籍，有些则是关于民族服饰收集方面的书籍……这么浩瀚的资料有助于你对民族服饰文化、图案、样式等的整体认识，如图 4-3 所示。

图 4-3　图书资料

（三）博物馆

在少数民族地区实地寻访之前或结束时，可以去一下博物馆，目的是找一个索引或者去做一个总结。博物馆是考察民族服饰的一个不错的去处，里面展示着各国家各民族有形的珍贵文化遗产，可以加深你对民族文化及服饰风俗的了解。

在博物馆里，不仅可以亲眼观看到各民族服饰藏品及传统的纺织机械、饰品制作工具等实物，还可以看到一些珍贵的文献资料，如关于民族文化研究的图书资料，关于民族生态环境、生产方式、节日活动、宗教仪式、联欢会、婚礼等照片。

（四）少数民族地区采风

如果要从整体的视野来调查民族服饰，了解各民族服饰的自然和人文背景，还需要进行细致的实地田野考察，这样不仅能真切直观地感受到各民族服饰的款式特征、色彩搭配、材料、工艺、配饰种类、图案以及整体着装姿态，还可以从当地的民风与民俗中发现投射在服饰上的社会习俗、审美情趣以及宗教信仰等。除此之外，这也是一个很好的途径可以切实参观少数民族制作服饰的一些过程，如棰布、折布、绣花、做银饰等。

深入少数民族民俗生活可以丰富自身体验，较直观、深入地了解少数民族的文化。如果可以参与少数民族的婚庆仪典、宗教及节庆活动，那就更好了，或许还可以获得一些一般情况下较难调查到的资料。

在实地调查过程中，可以采用影像拍摄、实践模仿、访谈记录等方法，以丰富实地调查的资料。在调研中，无论是影像拍摄还是文字记录，其调查的内容都应集中在服饰形态、服饰细节以及工艺传承等方面。无论采用哪种方法进行考察，重要的是记录能触动你灵感的种种细节，并要有意识地去发现素材。

二、调查报告的撰写与排版

（一）调查报告的撰写

民族服饰的调查告一段落后，可以将之前通过各种途径收集到的丰富资料撰写成一份调查报告，清晰明了地分类和提炼出所考察民族服饰的信息，以便比较各民族服饰的异同，总结出你所感兴趣的民族服饰的主要特点，同时更进一步加深印象。调查报告的内容建议可以从两方面着手——民族服饰文化和民族服饰样式。

民族服饰包括服装、饰品、装饰、图案、服饰材料、加工工艺等各方面的内容，民族服饰文化则强调服饰的一种综合（使用价值和精神文明）的文化。每个民族服饰的文化内涵都是特有的，而调查报告的重点内容就是从这某一区域或某一族群的服饰外观形式中挖掘出它所蕴含的体现这个民族文化特质的东西。需要注意的是，在此所提及的学生短期考察，并非要求对民族服饰文化进行全面透视的研究，而是在于通过一个民族服饰的某一部分入手去探索服饰中蕴藏的丰富文化价值。

调查报告内容可以写考察过程中学到的而在课堂或书籍中没有涉及的内容；可以写某一个考察点或考察点的某一个局部；也可以将几个考察点对比、结合起来写，但最好限定在一个民族之内。可以从众多的民族服饰元素中选择你最感兴趣的，例如，最触动你的某个民族服饰的结构形态，某种传统精湛的工艺技巧，某类讲究而自然的色彩搭配，某个图案及配饰等方面表现出来的传统美学原则等。通过实地调查、询问历史、收集照片、翻阅文献等，一步步地进行深入学习。最后结合图书、网络等收集来的资料，整理出一份内容丰富、简明扼要的调查报告。调查报告的撰写还要注意逻辑层次清晰、语言流畅、重点突出，要完整、清楚地表达出调查的结果，表达自己独立的见解。如图 4-4 所示的调查报告，从藏靴的样式和工艺两个方面考察了藏族服饰的艺术特色。

在西藏有一种古老的靴，不仅穿着舒适，仅凭造型就能分辨主人的来处及地位，从制作上也能区分出身份，采用精湛的工艺制作出的美丽藏靴不分左右，藏靴的最早原型是一种兽皮缝合的靴鞋，原料为牛皮，用较厚的牛皮做底，薄一点的做面，底和面的缝合则用牛羊皮条，鞋口前端还有带毛的牛羊皮装饰。在史书中，藏靴已有2000到3000年的历史，最早的西藏苯教典籍中，有明确的图片和文字记载，而后慢慢演变成更长或更短的靴筒形式。如今已经形成不同规格和样式的藏靴。藏靴大致分为三种，“松巴鞋”“嘎洛鞋”和“多扎鞋”。一般采用氆氇、毛呢、围裙料子，平绒或皮革为主要原料，色彩搭配十分讲究，有的还以丝线绣上各种花纹图案，有的用金丝缎镶边、贴花。鞋尖更是有方有圆，有尖有钩，形式不一，很有特色。只是各式藏鞋腰后部都留有10多厘米长的开口，以便穿脱，藏鞋都要系带。鞋带又是一种美丽而讲究的手工艺品，使用细毛绒编织而成，带上有各种图案。

藏靴

贵族家的女性，穿着高级的松巴鞋，用牛皮为底，用棉线或粗毛线密密缝制，底厚达1厘米多，鞋帮色彩斑斓，分别用红、黄、绿、蓝等八种颜色的丝线在上面绣出美丽的图案，鞋面也有绣花，十分艳丽，这种靴因为做工精致考究，所以以前在喜庆日子里才穿用，这种鞋面美丽的图案俗称鱼刺纹，要求其线条如鱼骨刺挺拔犀利。藏靴是不分左右的，其原因有：为了在任何紧急的情况下不会穿反；不用去看哪个是左脚的，哪个是右脚的；有些人左右脚后跟磨损程度不一样，因此这种鞋可以边看边穿，人为调整。单单从鞋子上就可以看出藏族人民的智慧。

图4-4　藏靴的调查报告

（二）调查报告的排版

专业的田野调查报告要求调查者根据调查目的和调查内容撰写。调查报告中既要有文献资料，又要有调查点的资料或调查过程中记录的事实。所以要使调查报告一目了然，最好采用图文结合的方式，这样排版也会更好看。在收集的各式民族服饰的草图和照片中，找出与调查报告内容相符的草图和照片，整理出来作为插图以辅助文字说明。如果对某些细节或结构线感兴趣的话，最好采用线描的形式表达，这样才能展示出其细微之处。

调查报告的版面可以根据自己的喜好来设计，以形成个性的版面布局。运用平面构成的一些基础知识，如点、线、面在版面上的构成，可以构建出千变万化的排版形式，但同时版面的设计也要遵循易读性原则。

排版时采用文字和图片（手绘图、照片）的组合，也可以在其中添加一些服饰以外的其他方面的图片，如用实地场景、动物、花卉等图片作为背景或点缀。插图的时候要注意色调关系，把握版面设计的平衡，留白有度、凸显重点。文字的排列可横排、竖排等，因为调查报告主要还是以文字为主，因此文字在版面上应占有一定面积，且鲜明实在，不能太分散。图文的排列形式多样，主要有图文分左右排列、文字包围、随机插图等几种形式，应采用简洁、新颖的形式以展现报告丰富的内容，如图 4-5 所示。

图 4-5　调查报告的排版

"披星戴月"的纳西人：纳西族妇女以勤劳能干、贤德善良而著称。她们的传统服饰具有鲜明的民族特色，形成了自己独特的风格。各地的服饰也有着差异；丽江县大研一带纳西妇女上穿大襟宽袖布袍，袖口捋至肘部，外加紫色或藏青色坎肩；下着长裤，腰系用黑、白、蓝等色棉布缝制的围腰，上打百褶，下镶天蓝色宽边；背披"七星羊皮"，羊皮上端缝有两根白色长带，披时从肩搭过，在胸前交错后系在腰后。羊皮披肩典雅大方，既可起到装饰作用，又可暖身护体，以防风雨及劳作时对肩背的损伤。羊皮披肩是丽江纳西妇女服饰的重要标志。它一般用整块纯黑色羊皮制成，剪裁为上方下圆，上部缝着六厘米宽的黑边，下面再钉上一字横排的七个彩绣的圆形布盘，圆心各垂两根白色的羊皮飘带，代表北斗七星，俗称"披星戴月"，象征纳西族妇女早出晚归，披星戴月，以示勤劳之意。另有一种看法认为，上方下圆的羊皮是模仿青蛙的形状剪裁，而缀在背面的圆盘则被纳西人称为"巴妙"，意为"青蛙的眼睛"，这是崇拜蛙的丽江土著农耕居民与崇拜羊的南迁古羌人相融合形成纳西族后的产物。

中甸县白地一带妇女，身穿对襟长衫，再系百褶长裙，腰束毛织彩带，脚穿云头黑靴，背披白毛山羊皮，编发盘辫，具有古风。宁蒗县永宁一带摩梭妇女，头戴布料大包头，身穿大襟小褂，系长可及地的百褶裙，腰系彩带，美观大方。

纳西族未婚姑娘爱梳长辫于腰后，或戴头帕、帽子。青年女性的服饰色彩多偏重于明快、艳丽的色调，中老年女性的服饰则多采用青、黑等色的面料，显得庄重素雅。妇女们还喜欢佩戴耳环、戒指、银或玉质手镯及金、银项链等饰物。

第二节　调研手册

一、整合调研资料

调研手册相比调查报告内容更加丰富且具有针对性，是对民族服饰的质（面料）、形（款式）、饰（饰物）、色（色彩）、画（图案纹样）等各种资料的汇总，如款式图、服饰结构、服饰图案、服饰局部构造、配饰、色彩关系、材料特色、工艺特色等。在整合调研资料的过程中，要提升的是独立思考的能力，在实践中丰富理论的体验，同时也巩固了专业技能。

在调查时，依靠耳口相传的民间神话、传说故事更贴近百姓的生活，能更真实地反映人的情感和观念，打动你的故事也可以记录下来，故事所阐释的多为人民情感体验和精神寄托，所见的民族服饰也是这种情感精神的载体。记录生活，有自己的表达思想的方式，慧眼独具挖掘出独特的文化。将照片、图片、面料小样、手绘、文字等资料，运用一定的技巧加工处理组织在一起，并力图体现出一定的个性化语言，因为调研手册是一个设计师思维发展的轨迹以及个人对该主题的表达方式，以此记录下设计师构思的最初阶段。然后经过不断演化，逐步整合为较完整的、成熟的设计作品，因此调研手册的组织，同样是一个有创意的劳动。整合调研资料，即首先将调研资料放在一起，以备制作调研手册的时候使用（图 4-6、图 4-7）。

二、制作调研手册

制作调研手册并不是照搬记录，可以选择并从自己最感兴趣的一个方面入手。凡是那些和自己头脑产生共鸣的设计元素和色彩，都可以挑选出来组合在一起，再进一步融入与将来设计主题相关的一系列创意。

在排版时，应首先将能激起设计灵感的形式、色彩或材质，按照设计的目的、形式或喜好，进行绘制与拼贴。然后把这些不同大小的、不同资料来源的、不同形式的图片，拼贴在一个平面上，力求视觉效果丰富，富有一定节奏变化和对比，能激发创作欲望。

仔细观察，感受有趣味的排版，画面能让人感觉和谐愉快，拥有更多的想象空间，或许还会有意想不到的灵感收获。如在云南的采风过程中，一个学生对扎染工艺和织锦十分感兴趣，经过考察与提炼，记录下对他有用的一些纹样和扎染制作资料，并用他喜爱的构图方式将资料排列组合，相信这种独特的方式对下一步将进行的服装设计是有帮助的（图 4-8）。

图 4-6　整合调研资料

少数民族饰品夸张，颜色艳丽，并且喜欢重叠交替的，佩戴多种饰品这对于我们平时在服装搭配和日常生活着装都有很多的借鉴作用。同时，也会激发我们的饰品设计灵感。这本身就是一种混搭艺术。

图 4-7　调研资料整理

3 weisi

扎染是大理白族和彝族民间传统的手工艺。一间不起眼的染厂内，各种各样色彩艳丽的扎染制品精致而夺目，彩裙、杯垫、壁挂、鞋帽等为风景如画的高原小城平添了无限色彩。大理白族扎染是白族人民的传统民间工艺，集文化、艺术为一体，其花形图案以规则的民间几何纹样组成。布局严谨饱满，多取材于动、植物形象和历代王官贵族的服饰图案，充满生活气息。位于蝴蝶泉边的周城镇，是一个白族较大的聚居村落，有 1500 多户人家，8000 多人，村中的白族妇女尤擅长扎染和刺绣，几乎“家家有染缸、户户出扎染”，有“扎染之乡”的美誉。

大理周城生产的扎染布与其他扎染布在图案上有很大的区别，一般的扎染图案多以圆点、不规则图案以及其他简单几何图形组成，而周城扎染的图案则取材于常见的动植物形象，如蜜蜂、蝴蝶、梅花、鸟虫以及神话传说中的人物、百兽等。蓝底白花图案产生自然晕纹，青里带翠，凝重素雅，形象生动，布局丰满。构图严谨，多为贰方、肆方连续的纹样在色彩上，周城扎染比一般的扎染更加绚丽多彩，丰富多样，越洗越明晰、鲜艳。

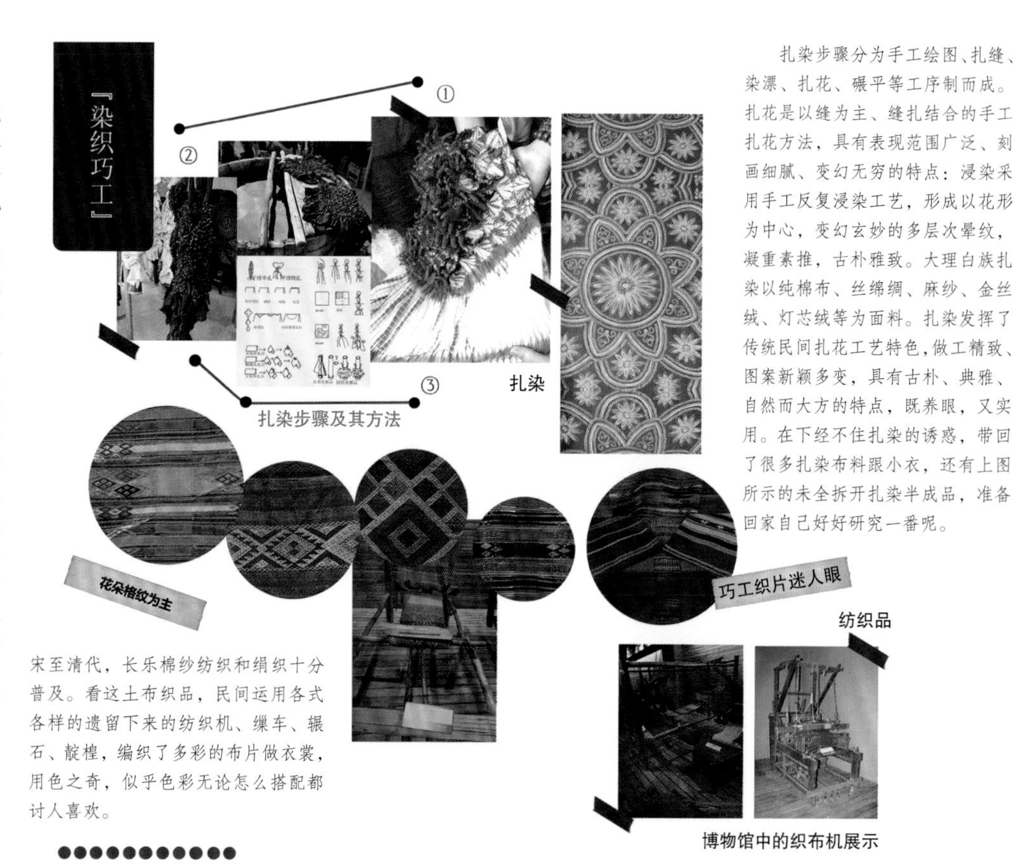

扎染步骤分为手工绘图、扎缝、染漂、扎花、碾平等工序制而成。扎花是以缝为主、缝扎结合的手工扎花方法，具有表现范围广泛、刻画细腻、变幻无穷的特点；浸染采用手工反复浸染工艺，形成以花形为中心，变幻玄妙的多层次晕纹，凝重素推，古朴雅致。大理白族扎染以纯棉布、丝绵绸、麻纱、金丝绒、灯芯绒等为面料。扎染发挥了传统民间扎花工艺特色，做工精致、图案新颖多变，具有古朴、典雅、自然而大方的特点，既养眼，又实用。在下经不住扎染的诱惑，带回了很多扎染布料跟小衣，还有上图所示的未全拆开扎染半成品，准备回家自己好好研究一番呢。

宋至清代，长乐棉纱纺织和绢织十分普及。看这土布织品，民间运用各式各样的遗留下来的纺织机、缫车、辗石、靛樘，编织了多彩的布片做衣裳，用色之奇，似乎色彩无论怎么搭配都讨人喜欢。

图 4-8　调研手册（韦偲）

第三节　构思与草图设计

构思是设计的最初阶段，在寻找素材的过程完成后，就可以进行初步的构思了。所收集到的资料能让你拥有更多的想象空间，从而顺着思维的骨架寻找灵感，最好将自己调整到放松随意的创作状态。

一、最初的构思

最初的构思同样要进行多方面的考虑，如款式、色彩搭配、面料与辅料搭配、装饰、图案等。在这个阶段，设计依然是不受限制的，设计师需要的就是最大限度地打开思路，传达出自己心中的理想状态。可以从传统审美的角度出发，将设计师感兴趣的传统元素提炼出来，进行现代设计再创造的表达。切记：不要将元素照搬嫁接于设计中，传统面料也好，色彩工艺也好，都只是作为一种元素，意在将经典和传统注入时尚的点点滴滴。然后再与设计定位结合，通过运用新型面料、时尚的细节处理、独特的结构方式或实用性局部设计等，完成构思。这个阶段，一般用草图表达，只要能清楚地表达出你的设计构思就行（图 4-9）。

二、草图设计

找到灵感并有最初的构思后，就可以开展草图设计了。构思过程一般用草图的形式快速记录下来。当灵感来源给你第一感觉时，无论是色彩还是形态，都不能忽略它，要善于抓住这个因素，并用自己独特的服装语言将其表现出来，也许你就能找到体现自己风格的设计作品。创作阶段的核心是思维结构，思维的封闭会使一个设计者停滞不前。所以要多观察、多分析，这样才能得到多方面的启发。

画草图前，最好首先确定主题。绘制草图时，所感觉的东西不能完全被具象化，要为下一步绘制完整的效果图保留一些发挥和想象的空间。如某个学生的草图，虽然只是对最初的设计进行了简单的记录，单从外轮廓看，该学生已经将思维扩展，脱离了束缚，用立体造型的手法作为设计的重点，上下呼应，体现了自己独特的风格（图 4-10、图 4-11）。

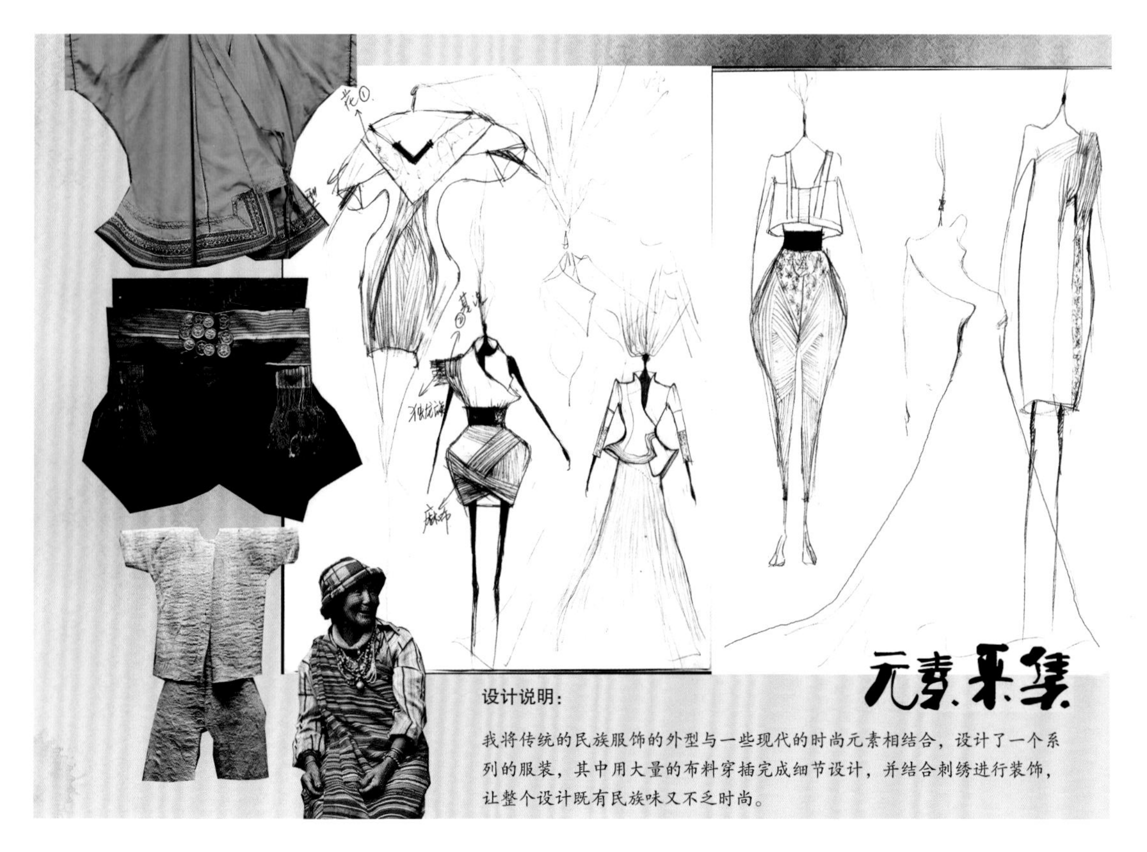

元素采集
设计说明：
我将传统的民族服饰的外型与一些现代的时尚元素相结合，设计了一个系列的服装，其中用大量的布料穿插完成细节设计，并结合刺绣进行装饰，让整个设计既有民族味又不乏时尚。

图 4-9　最初的构思（赵茜）

图 4-10　草图一（刘银银）

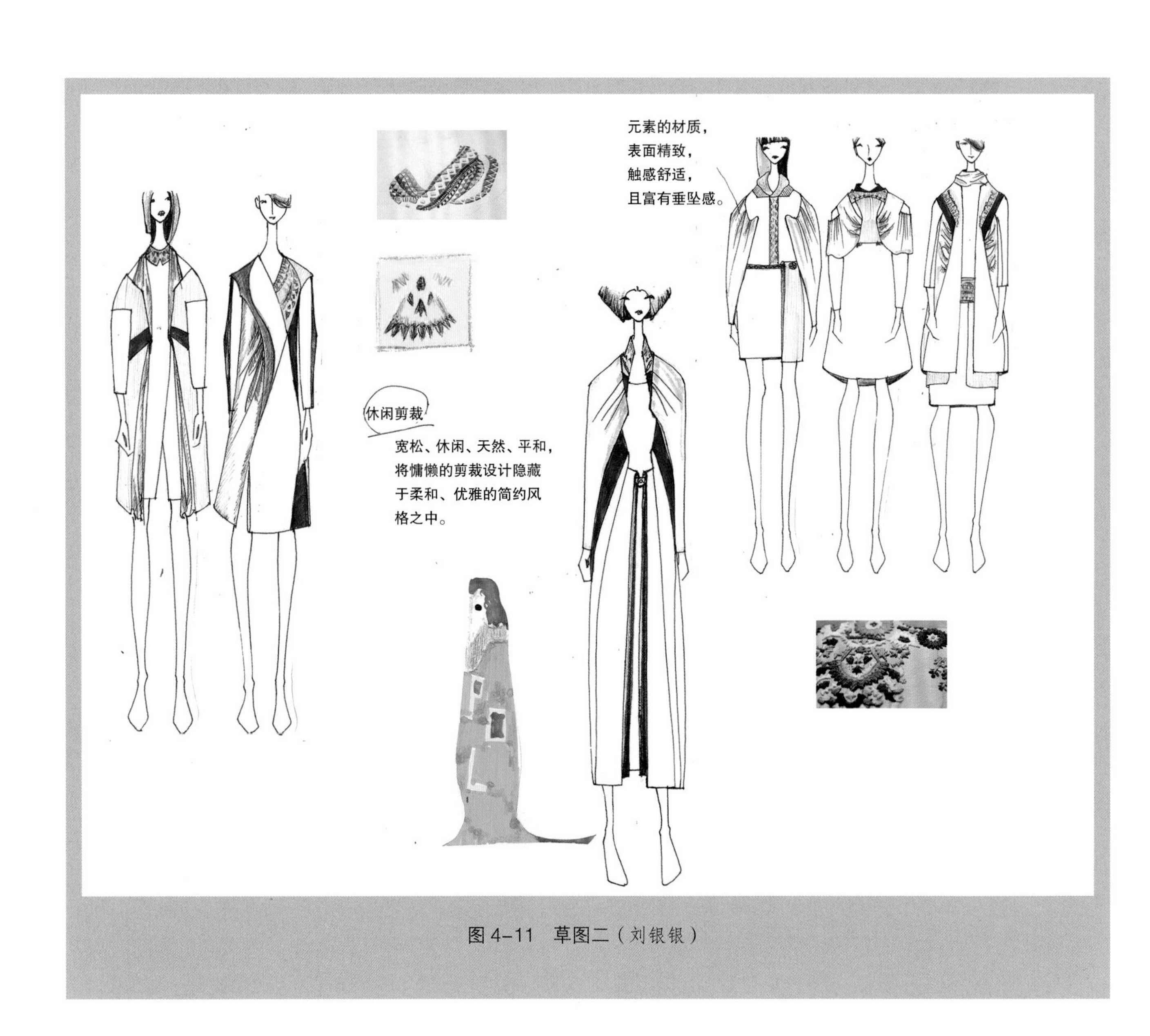
元素的材质，
表面精致，
触感舒适，
且富有垂坠感。
休闲剪裁
宽松、休闲、天然、平和，
将慵懒的剪裁设计隐藏
于柔和、优雅的简约风
格之中。

图 4-11　草图二（刘银银）

第四节　设计稿的完成

完整的设计稿是一个设计的最终演绎，它应该包括服装的设计效果图、款式图、面料小样、色彩的搭配、细节的描述、装饰的表达以及设计说明几个方面的内容。

一、服装设计效果图

服装设计效果图展现的是服装设计的着装效果，是继构思草图后的进一步修改和完善。服装设计效果图应该表现出服装的样式、结构、面料质地、色彩，除此之外，还应该表现出不拘一格的穿着个性，并从用色、用笔和勾勒方式上体现设计者的个人风格。好的服装设计效果图能呈现出一种生动的艺术感。

服装设计效果图的表现方法较多，如线描法、铅笔淡彩法、水性笔淡彩法、渲染、速写法、剪影法、平涂、拼贴、计算机辅助、马克笔表现等。根据自己所选择的材料，采用不同的技法来完成。如采用计算机辅助绘制的服装设计效果图，其特点是线条粗细均匀、色块平整（图 4-12）。

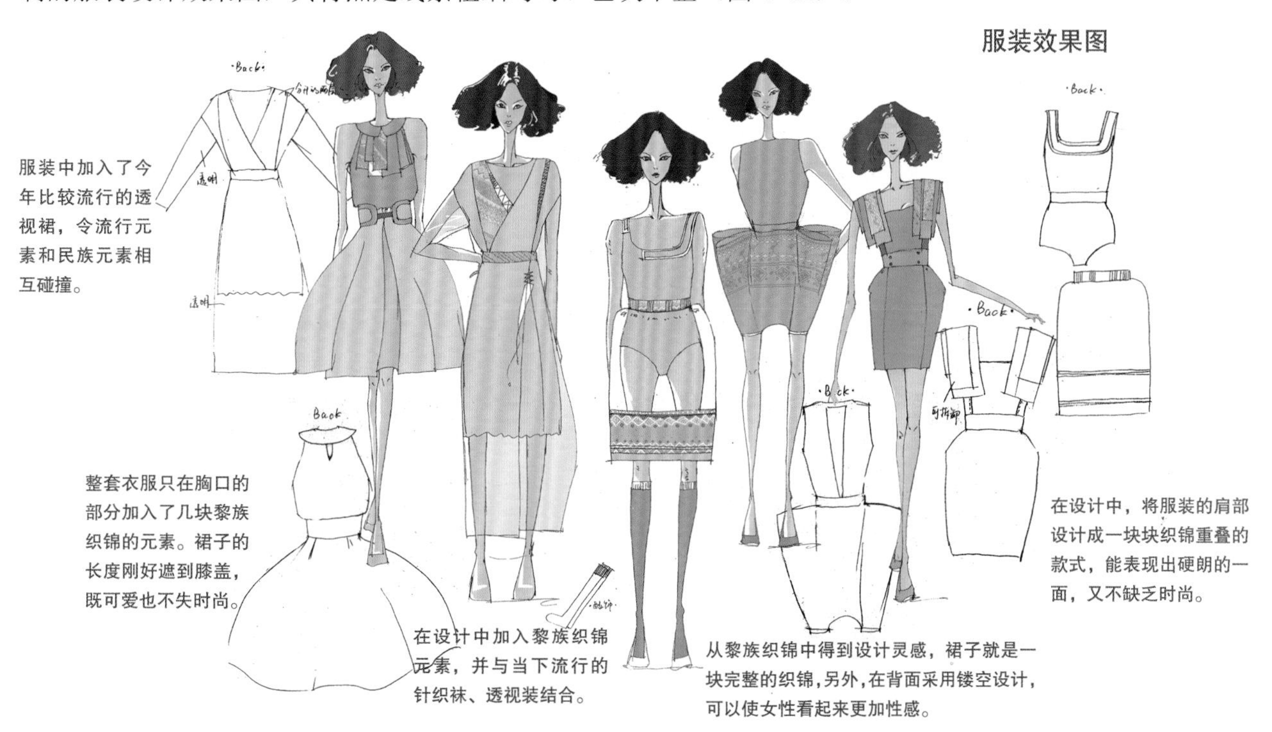

服装效果图
服装中加入了今年比较流行的透视裙，令流行元素和民族元素相互碰撞。
整套衣服只在胸口的部分加入了几块黎族织锦的元素。裙子的长度刚好遮到膝盖，既可爱也不失时尚。
在设计中加入黎族织锦元素，并与当下流行的针织袜、透视装结合。
从黎族织锦中得到设计灵感，裙子就是一块完整的织锦，另外，在背面采用镂空设计，可以使女性看起来更加性感。
在设计中，将服装的肩部设计成一块块织锦重叠的款式，能表现出硬朗的一面，又不缺乏时尚。

图 4-12　计算机辅助绘制的服装设计效果图（王晓娟）

二、服装款式图

图 4-13　服装款式图（刘银银）

服装款式图不需要像设计效果图那样追求强烈的艺术效果。相对于服装设计效果图的艺术夸张性，服装款式图更加规范地展现了服装结构，从而成为服装制板的依据，让制板师清楚地了解服装制作工艺，方便制板、排料、裁料各个步骤的顺利进行。

款式图应重点表现服装的款式结构，一般要求明确表达服装的廓型、内部构造、部件之间的连接形式、制作工艺、细节零部件等，如裁片缝合的方法、开口的处理形式、部件的连接方式、各层材料之间的组合等（图 4-13）。服装款式图不需要上色，但线条应干净利落，描绘工整直白，对于一些特殊的结构或工艺可以用文字加以补充说明。

三、面料小样与色彩的搭配

面料和色彩是服装设计的两大要素。其中服装材料是服装设计的载体，在构思阶段，针对相应的灵感来源，可以同时考虑相应的面料设计，然后随意变换色彩，最终产生丰富的视觉效果。选择材料既要考虑到材料的透气性、保暖性、伸缩性等性能，也要考虑面料的色彩、图案以及厚重、飘逸、华丽、朴素、悬垂、挺拔等因素，因为这些均与服装的实用性和艺术性有密切的关系。在选择面料之前，要对服装材料的性能与作用有一定的认识，服装材料除选择已有的材料外，面料再造也是一个思路，重视材质本身的设计或面料再造，可以获得创意的更大空间。近几年来，面料再造在服装设计中占的比重越来越大，具有高级时装感的珠绣、绘、补、拼、嵌、立体造型等面料再造方法，皆是充分利用面料的特点来营造服装最终的效果。

服装的色彩设计最好符合美学原理，在色彩上达到一种有序、统一、和谐的具有美感的视觉色彩。当然完全统一稳定的色彩会给人以沉闷的感觉，适当运用色相对比、明暗对比、冷暖对比、补色对比、面积对比、虚实对比可获得风格迥异的美感。在设计稿中还应粘贴面料小样，如果是单色面料，可以用色块来表达面料的色彩，一般把面料色样放在着装人物画的旁边（图 4-14、图 4-15）。

四、细节的描述

服装细节设计的精巧变换是整件服装的点睛之处，因此细节处理也尤为重要。服装的细节有可能是图案，或某个特殊做法的结构，或添加的饰物等。但是细节设计一定要服从整体设计构想，统一在整体造型风格中，如果喧宾夺主，则很容易造成画蛇添足的结果。对细节的描述，一般用图来表示，若需要应补充文字说明。在效果图的着装人物画旁单独画出服装的细节，一个细节用一个小图表示，这样有利于设计表达（图 4-16）。

主题说明：色泽亮丽和印花图案是近来女装流行的风格，自由、大胆、先锋、前卫，体现了设计的重点。在形式上强调装饰，前胸采用立体构造的方式，增加了服装的丰富性与立体层次感，款式新颖独特。

图 4-14　《夏装》设计稿（袁夏）

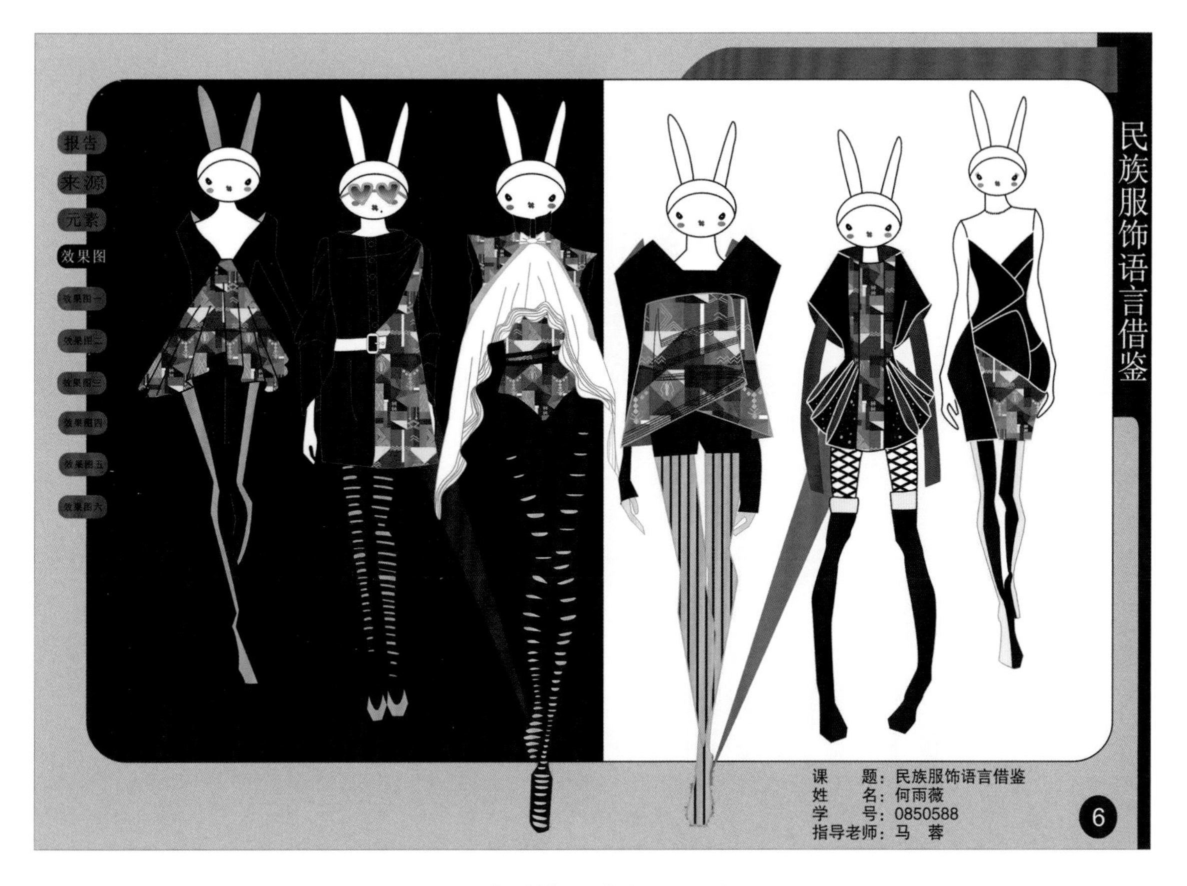

图 4-15　《碰撞》设计稿（何雨薇）

流动
的 罗布衣裙
西兰卡普
灵感来源于西兰卡普，西兰卡普的图案色彩艳丽，纹理丰富，设计中将自然物象图案、几何图案运用在局部，浓郁的民族图案配合浪漫的波浪式大裙摆，不经意中透露出的民族风情，耐人寻味。

图 4-16 《罗布衣裙》设计稿（刘银银）

五、装饰的表达

装饰在服装上的运用，要求设计者懂得各种装饰语言，更需要设计者积极地尝试和探索新的装饰内容和新的装饰形式。装饰方法较多，如手绘、印花、贴、绣、补、盘、钉、染、镂空、抽纱、打揽、缉带、抓褶、打结等，或者用不同材料的重新整合来营造服装表面效果，还可以利用不同的针法来变换立体图案，利用绞花、空花、盘花等方式构成立体装饰，达到耳目一新的艺术效果。

六、设计说明

设计说明是将设计理念梳理后用文字表达出来。对一些特殊的结构语言、面料、零部件等也可以在设计说明里用文字加以补充说明。根据不同类型、不同要求的服装设计有其相关的内容，如年龄定位、使用场合定位、穿着时间定位、设计理念、品牌理念、设计风格、运用材料色彩描述等，通过设计说明传达出该服装的设计理念、适用对象等必要的信息。

七、案例分析

以下是三个完整的设计案例分析，展现了从寻找服装设计灵感来源、资料收集，到设计构思的初步阶段，再到设计的完成共三个阶段的作业。

寻找服装设计灵感来源、资料收集这个阶段，通常用图文结合的方式表现；设计构思的初步阶段，用草图表现；设计的完成阶段，用服装效果图表现。每一阶段已经在前文中详细讲解过，这里不再赘述。

案例一

这个系列服装设计灵感来源于海南黎族服装形式和黎族织锦纹样，整个系列以黑白色为基调，运用民族浑厚深沉的色彩作为点缀，服装构造采用非对称、面料拼接、简洁的手法，形成别致、轻松的风格。图 4-17 所示为资料收集图，图中对黎族服装的主要细节部分别作了标注，目的是记录自己对黎族服装的了解。图 4-18 所示为服装草图，草图绘制认真，能正确表达设计，并绘出服装后视图。图 4-19 所示为服装设计效果图。

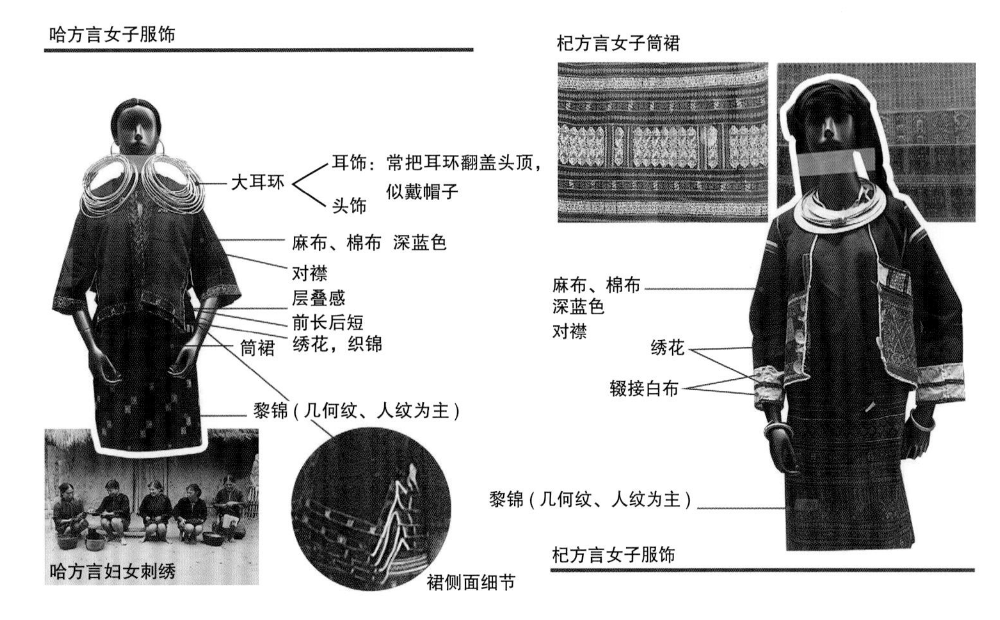

图 4-17　资料收集图（余秋雨）

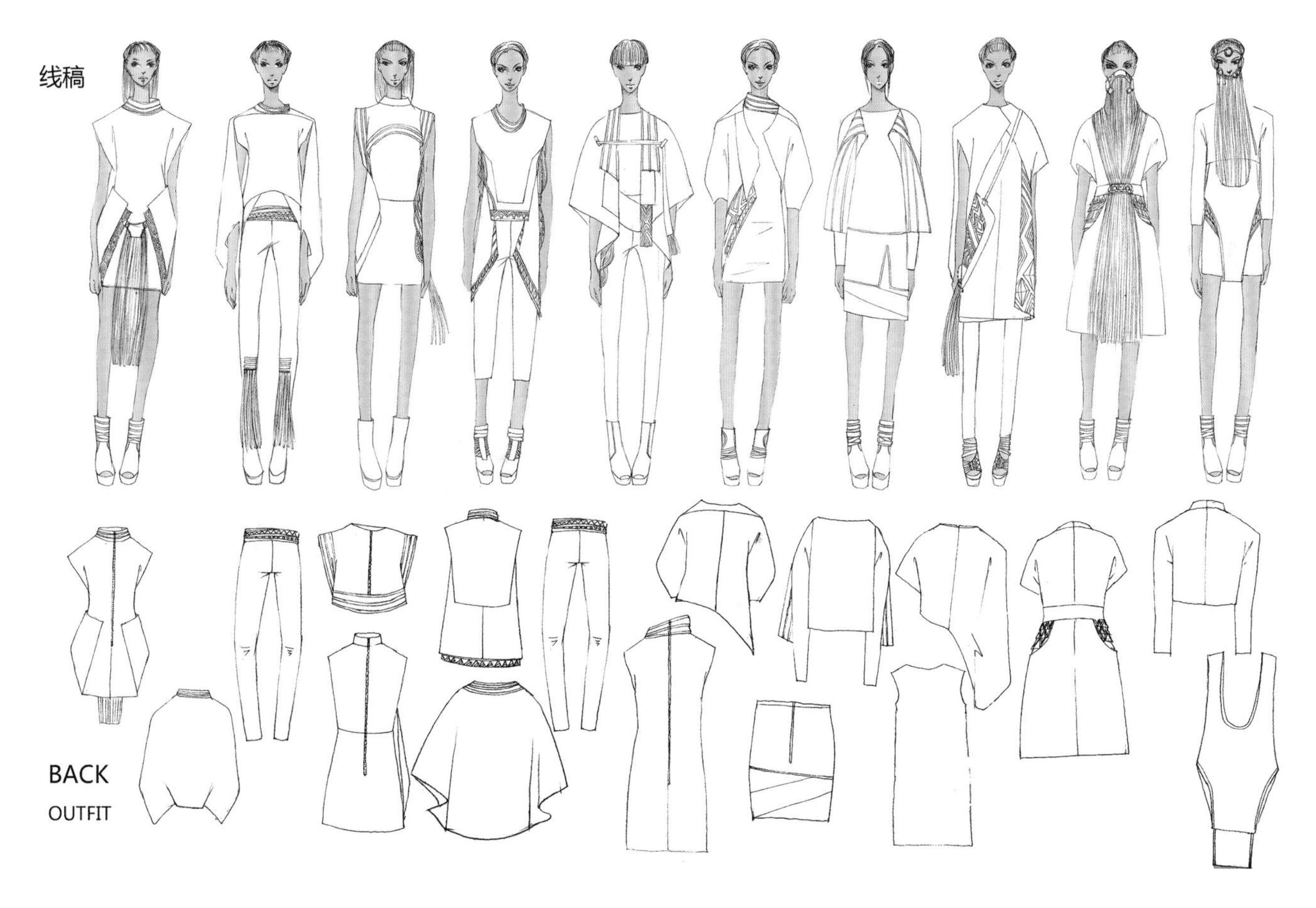

图 4-18　服装草图（余秋雨）

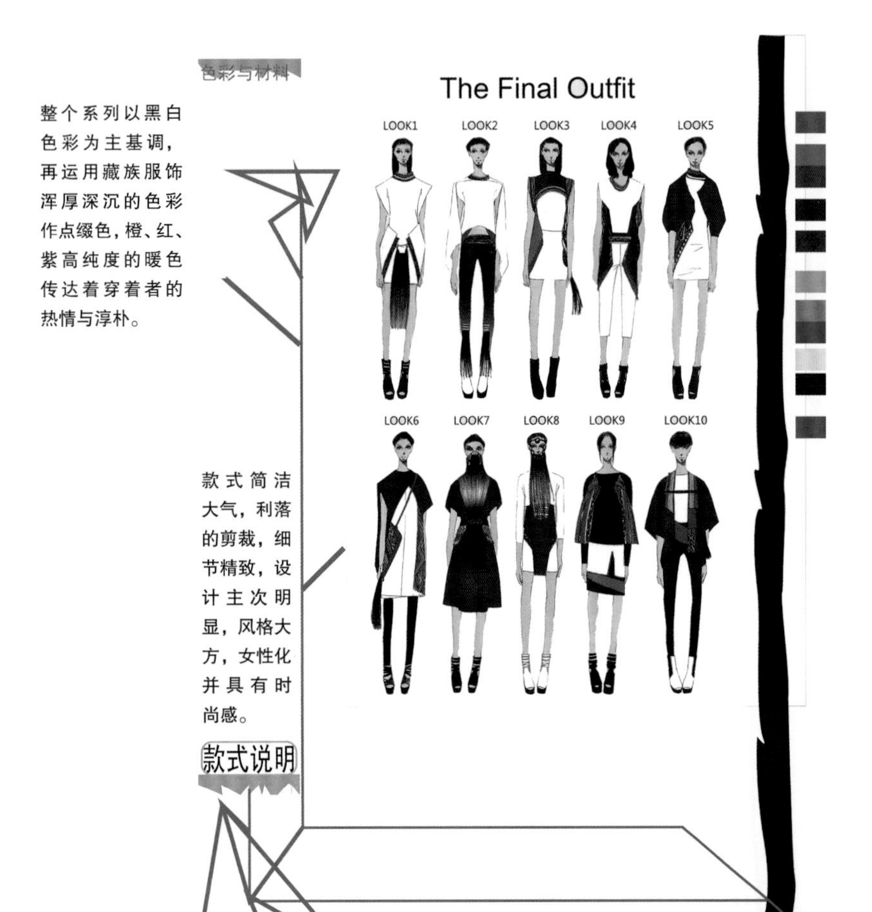

整个系列以黑白色彩为主基调，再运用藏族服饰浑厚深沉的色彩作点缀色，橙、红、紫高纯度的暖色传达着穿着者的热情与淳朴。

款式简洁大气，利落的剪裁，细节精致，设计主次明显，风格大方，女性化并具有时尚感。

图 4-19　服装设计效果图（余秋雨）

本设计是提取民族织锦元素设计出的一系列秋冬女装，用毛皮做披肩，纱料垂褶波浪作为裙子的主要设计语言，毛皮与纱形成厚薄对比。整体设计既女性化，又具有动感，以稳重的中性色为基调，用中度灰调色彩协调整体。民族织锦使用合适，整个服装系列华丽而实用。

案例二

图 4-20 所示为灵感来源资料收集图，该图以民族织锦为主要内容。图 4-21 所示为服装草图，草图绘制认真，正确表达了设计构思。图 4-22 所示为服装设计效果图，效果图内容较为完整，包括人物着装效果图、正背面款式图、面料小样、设计说明等内容。

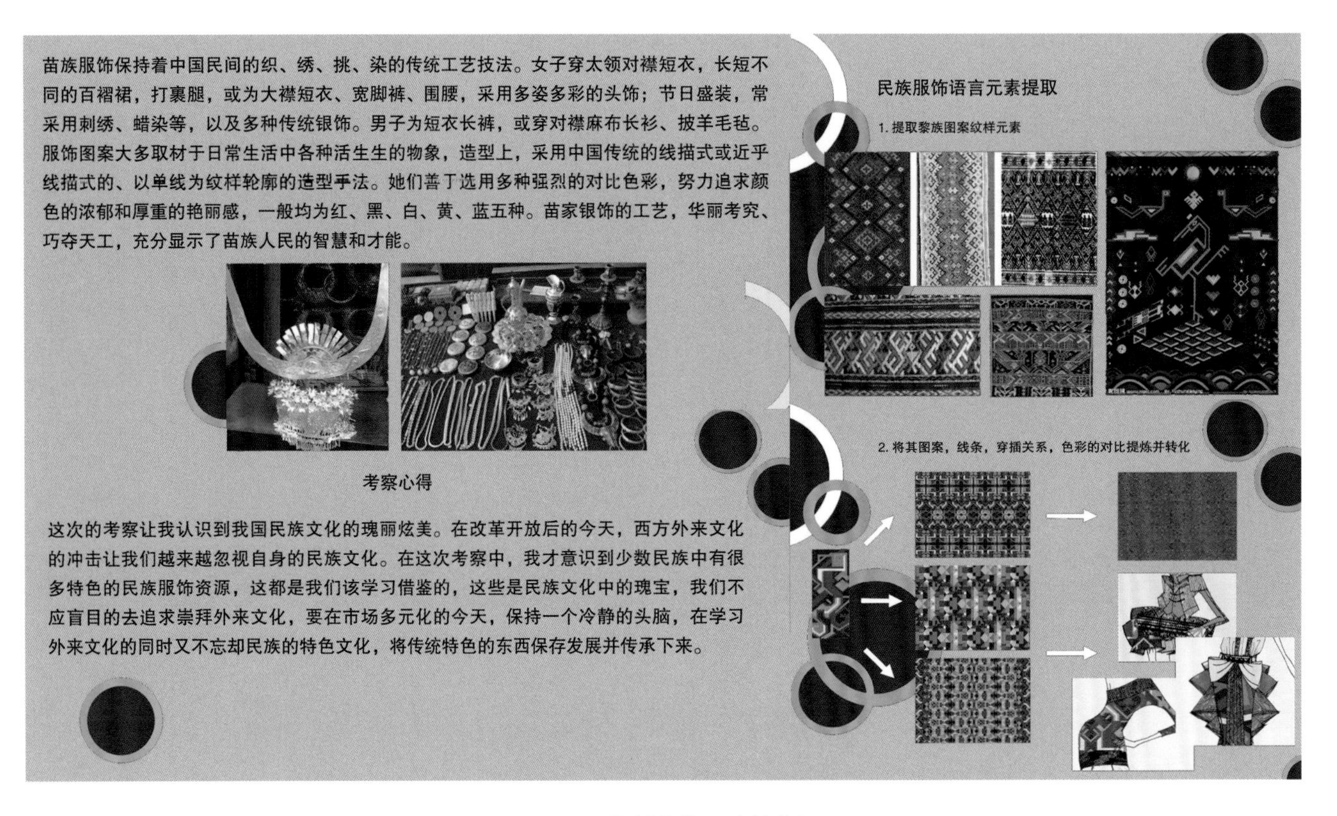

苗族服饰保持着中国民间的织、绣、挑、染的传统工艺技法。女子穿大领对襟短衣，长短不同的百褶裙，打裹腿，或为大襟短衣、宽脚裤、围腰，采用多姿多彩的头饰；节日盛装，常采用刺绣、蜡染等，以及多种传统银饰。男子为短衣长裤，或穿对襟麻布长衫、披羊毛毡。服饰图案大多取材于日常生活中各种活生生的物象，造型上，采用中国传统的线描式或近乎线描式的、以单线为纹样轮廓的造型手法。她们善于选用多种强烈的对比色彩，努力追求颜色的浓郁和厚重的艳丽感，一般均为红、黑、白、黄、蓝五种。苗家银饰的工艺，华丽考究、巧夺天工，充分显示了苗族人民的智慧和才能。
考察心得
这次的考察让我认识到我国民族文化的瑰丽炫美。在改革开放后的今天，西方外来文化的冲击让我们越来越忽视自身的民族文化。在这次考察中，我才意识到少数民族中有很多特色的民族服饰资源，这都是我们该学习借鉴的，这些是民族文化中的瑰宝，我们不应盲目的去追求崇拜外来文化，要在市场多元化的今天，保持一个冷静的头脑，在学习外来文化的同时又不忘却民族的特色文化，将传统特色的东西保存发展并传承下来。
民族服饰语言元素提取
1. 提取黎族图案纹样元素
2. 将其图案，线条，穿插关系，色彩的对比提炼并转化

图 4-20　资料收集图（刘潇）

面料：
选择皮草为主要面料，
裙摆运用纱的成分。

图 4-21　服装草图（赵茜）

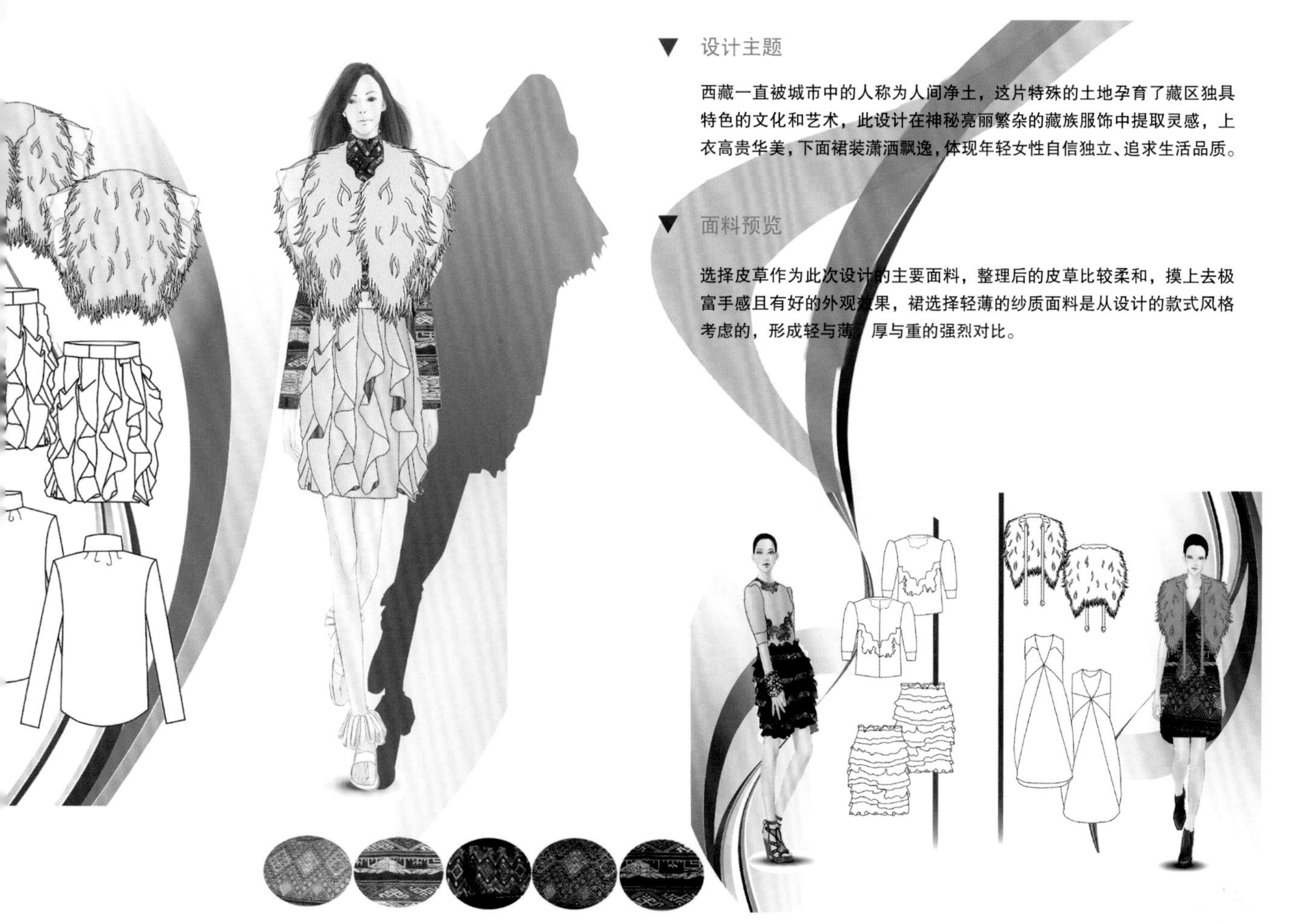

设计主题
西藏一直被城市中的人称为人间净土，这片特殊的土地孕育了藏区独具特色的文化和艺术，此设计在神秘亮丽繁杂的藏族服饰中提取灵感，上衣高贵华美，下面裙装潇洒飘逸，体现年轻女性自信独立、追求生活品质。
面料预览
选择皮草作为此次设计的主要面料，整理后的皮草比较柔和，摸上去极富手感且有好的外观效果，裙选择轻薄的纱质面料是从设计的款式风格考虑的，形成轻与薄、厚与重的强烈对比。

图 4-22　《秋韵》设计效果图（尹立）

案例三

这个学生受民族竹编、手工染色面料的启发，以细竹编、手工染色面料为服装材料之一，用天然材质提醒着人们，人类是完整的自然有机体的一部分，面料组合独具匠心，将竹编、条纹面料、单色面料、手工染色面料组合，风格独特，从一块面料开始构思，使服装每个细节都经得起推敲。在剪裁上给人以平和的感觉，轻松休闲。色彩以无彩色系的黑色、白色、灰与红色、绿色协调，体现稳重、自然的美感。图 4-23 所示为灵感来源资料收集图，以手工染色面料为主要内容。图 4-24 所示为服装设计构思草图，草图绘制认真，正确表达了该学生的设计初衷。图 4-25 所示为服装设计效果图，设计的信息都包括在设计效果图中。

扎染
扎染的方法一般以棉布或混纺白布为原料。染料主要是植物蓝靛（云南俗称板蓝根）。扎染的主要步骤有画刷图案、手工绞扎、拆线、碾布等。技术关键是绞扎的手法和染色技术。染缸、染棒、洒架、石碾是扎染的主要工具。图案以自然形的小纹样为主，分布均匀，题材吉祥，如鱼、鸟。
YUNNANYINXIANG
08。6

图 4-23　资料收集图（唐熙）

图 4-24　服装草图（赵茜）

竹编是本设计所选用的重要材料之一，受当地考察时灵感启发，竹衣为本系列设计提供了灵感，设计者重视与自然界的联系，关注数码印花低消耗低污染的特点，用天然材质提醒人们——人类是自然界的一员，应尊重自然环境。本设计面料组合独具匠心，风格独特。

图 4-25　《布裳》设计效果图（唐熙）

本章小结

主要讲述从民族传统服饰语言中寻找灵感进行设计所涉及的思路，即调研→调查报告的撰写和排版→调研手册的制作→构思→设计稿的完成。同时，介绍了几种调研方式，并讲解了调查报告的撰写重点、调研手册制作的重点。此外，还讲解了如何构思、如何绘制服装草图和设计稿表达。

目的是让学生掌握从灵感到设计的一个相对完整的设计过程，希望对其设计有一定的帮助。

参考文献

[1] 首届中国民族服装博览会执行委员会.中国民族服饰博览[M].昆明:云南人民出版社,云南民族出版社,2001.
[2] 罗钰钟. 云南物质文化 [M] . 昆明:云南教育出版社,2000.
[3] 钟茂兰,范朴. 中国少数民族服饰 [M] . 北京:中国纺织出版社,2006.
[4] 华梅. 人类服饰文化学 [M] . 天津:天津人民出版社,1995.
[5] 黄代华. 中国四川羌族装饰图案集 [M] . 南宁:广西民族出版社,1992.
[6] 王筑生. 人类学与西南民族 [M] . 昆明:云南大学出版社,1998.
[7] 庞绮. 服装色彩 [M] . 北京:中国轻工业出版社,2005.
[8] 刘元风,胡月. 服装艺术设计 [M] . 北京:中国纺织出版社,2006.
[9] 刘晓刚. 服装设计实务 [M] . 上海:东华大学出版社,2010.
[10] 刘晓刚. 服装学概论 [M] . 上海:东华大学出版社,2011.
[11] 西蒙·希弗瑞特. 时装设计元素:调研与设计 [M] . 袁燕,肖红,译. 北京:中国纺织出版社,2009.